U0060484

故事人人有,說好卻不易

2007 年 iPhone 上市的發表會上,Steve Jobs 透過說故事的方式,將 iPhone 的創新體驗,展現在世人面前,從此引領風騷影響消費者對智慧型手機的選擇,也讓科技大廠諾基亞與微軟在此一戰役大敗而退。但讀者可能不知道,當初 Jobs 打出的第一通電話到舊金山的星巴克開玩笑地訂購 4000 杯外帶拿鐵,從此以後這家星巴克接到類似來電已經習以為常,因為這些果粉們想要模仿 Jobs 的這段神奇經歷。

說故事的力量何其大,在商業運用上 iPhone 問世便是一例,而在其他領域上更是如此,像是美國黑人民權領袖馬丁路德・金恩牧師在 1963 年的著名演說 "I Have A Dream",爭取非裔美國人的基本權利進而影響未來,並且在 1964 年獲得諾貝爾和平獎;近年在 "我是演說家" 的節目中,也常見到上台來賓以說故事的方式闡述自己的生命故事感動千萬觀眾。

一輩子故事何其多,無論是順境逆境的生活體悟還是苦盡甘來的職場智慧,信手拈來隨處可得,但故事人人有,說的好卻寥寥無幾。從博客來網路書店來看,以 "說故事" 查詢中文書籍共有 11,743 本,而商業理財類便有 1,116 本,但是在訓練市場專攻說故事力量的講師卻是屈指可數。由此可知,想要了解說故事的人很多,從出版數量便可得知一二,但想學得好的人卻很難得到滿足,因為教得好的人太少,而陳日新顧問便是那少數中的頂尖高手。

去年,筆者服務公司因為證券交易萎縮與開放財富管理業務的緣故,啟動了多元商品跨售訓練專案,讓績優營業員轉型為全方位投資理財顧問,其中顧問式銷售之說故事行銷,便是關鍵的能力之一。當初,把課程目標設定在說故事不能只有

統一綜合證券人力發展主管 張堂源 經理

創造專屬故事，再攀事業高峰

說的能力，而是要能夠創造結果的能力，亦即講師不能夠只具備"說"的能力，而缺少務實的實戰(績)能力，此其一；而講師不但要具備實戰能力之外，還必須具備診斷企業需求、了解學習動機、務實課程設計、活用教學方法以及協助產出足以行銷的具體案例能力，此其二。

陳日新顧問以其豐富實戰經驗與教學經驗脫穎而出，他在 22 歲時沿途推銷 CD進行陌生開發，以說故事方式引導客戶聆聽商品故事，創造驚人營收；成為企劃主管也是用說故事的方式進行商品企劃，開發極受歡迎產品；擔任主管之後，將說故事技巧融入管理工作，在 32 歲時成為上櫃公司的董事；在 38 歲時創辦說故事行銷學院，遠見雜誌報導他是台灣第一位說故事行銷的實戰講師。

欣聞陳日新顧問將歷年授課與輔導案例集結成書 **陳日新說故事行銷**，這是所有企業主、專業經理人、上班族一定要收藏且實踐的一本工具書，內容涵蓋領導與溝通、行銷與銷售、商品價值故事等 72 則實戰案例及 57 個實務演練，能讓讀者感同身受故事背後的意義與價值，並且在故事結束時安排討論與分享單元，引導讀者進而思考與活用，最後還附上說故事行銷大賽評分表，讓讀者了解一個好的故事案例該掌握那些重點才能吸引顧客的注意。

對了！且讓我分享一個案例，筆者服務公司有位資深的營業同仁，過去三節常自行印製卡片寄送客戶，在陳日新顧問的引導之下完成了兩篇專屬自己的業務故事，今年春節他印了 3000 張故事 DM 給客戶，結果客戶眼睛為之一亮，增加他與客戶往來契機，也讓客戶更加認識他的專業與熱忱，為他帶來多筆基金業績。

您準備寫下您專屬的故事了嗎？奇妙變化即將發生在您身上！

發 行 人 序

分享故事、分享愛

日新從學生時期開始，就是一個充滿活力
與熱情的工作者。看著他一路篳路藍縷、
從無到有的發展說故事行銷課程與顧問，
實屬不易。籌備五年的陳日新說故事行銷，
是一本兼具實務與實用的工具書，相信可
為廣大職場人士，提供最有價值的知識與
平台。

如果，你喜歡聽故事，這本書會是你的好
友。如果，你樂於分享，那麼，這本書也
會是你與朋友同事之間的最佳禮物！如果
，你喜歡創造故事，那麼，本書將會啟動
你的故事力，讓你任何時刻都能量滿滿！

說故事，分享愛；聽故事，接受愛。願這
個世界，有更多的美好故事，不斷蔓延開
來，祝福你擁有許多可以支持你、聽你故
事的家人、同事與好友！

共創真善美的新世界！

發 行 人

胡 爾 善

勇敢作自己說自己，世界就會看見你！

2007 年我出版 [熱情行銷俠的 28 個分享] 一書之後，企業與大眾對於我的說故事能力，給予許多肯定。於是，我創辦了說故事行銷學院這個機構，自己也開始擔任百大企業的講師與顧問！

一開始有人聽到了，問我的助理：「耶...請問這是什麼機構？是在教小朋友說故事的嗎？」也有人在背後說：「這是那個小學老師出來教的？」我聽到後真是哭笑不得。直到我陸續協助許多學員透過說故事行銷，做到了不錯的業績，我對自己的信心，才越來越強。

有一次，我在課程空檔，接到了一位學員 Nicole 的電話，當時她人在新竹，電話裡頭的聲音顯得特別興奮：「老師！我們美語補習班招生大爆滿耶...」啊！我有點摸不著頭緒，她接著說：「一個月前，你幫我們上課，後來照你的方式，把故事整理出來，我們印刷成 DM 之後，拿去學校附近做招生，效果很好耶！好多家長看了這份故事 DM 之後，就把小孩送來我們補習班，學生人數比我們預期的還要多出好幾倍呢？」真好！這，不就是我教授這門課的快樂與初衷嗎？

很多人誤以為說故事行銷，是「**說**」的課程，但我認為「**故事**」才是這門課程的重點。我常告訴學員，**說出自己有感覺的真實故事，去影響他人做出決定或改變，就是說故事行銷**。所以，不論故事呈現在「口語、DM、網路、簡報、影片、動畫...等形式」都是 ok 的。

重點是你的故事真不真實？吸引人嗎？看完後是否會讓人「打從心底」的認同？並且想要迫不及待的與你產生「連結」或合作聯繫呢？

幾年過去了，那份為 Nicole 撰寫與設計的 Dm，依然放在我辦公室裡的一個明顯角落，隨時隨地提醒我自己的熱情是否還在？有沒有偏離當初要說故事「利他」的初衷？

遠見雜誌 32 頁說故事報導

在我投入說故事行銷的第二年，我接到了遠見雜誌副總主筆彭杏珠女士的電話，她希望我談談說故事行銷的發展與現況！我好奇問她為什麼會找到我？她說：「在網路 google 說故事行銷幾個字，幾乎都是你的訊息，看起來你是這方面的專家...」當時，聽到她這樣子的肯定，我其實有點心虛，那時，我自己其實也還在「做中學」。

彭女士問我：「您投入說故事行銷這個領域多久了？」原本我回答：「就從開始跟企業上課的這兩年時間吧！」後來，我發現不對，廣義來說，我應該已經投入將近 20 年了。為什麼？從我工讀生時代，沿街推銷向客戶解說商品開始，我就是用說故事的方式來引導客戶聆聽商品故事。

後來，轉換跑道成企劃主管，也是用說故事的方式來企劃商品，甚至帶人、帶組織，也是常常說故事。我發現，說故事的 DNA，已經在我身上流了將近 20年。彭女士問我：「為什麼這兩年說故事行銷的風氣，會這麼的盛行？」我認為一方面當然是網路的蓬勃發展，企業與個人都有平台，可以隨時抒發自己的心情與看法。

另外一個重要關鍵原因，我認為是在心理層面，怎麼說呢？面對不確定的變動大環境，人與人之間的信任被摧毀了，其實，**人們內心深處都渴望著「長遠的、穩定的」關係，故事提供了平台與內容，讓人與人之間可以用完整的故事，來認識彼此。**而不是簡短、快速、表面、結果導向的陳述與資訊。

當時，我知無不言的告訴她我的上課方式以及相關的故事案例。結果，幾個月

後，雜誌刊出來，竟然是 32 頁 [說故事說出 Cash] 的專題報導，讓我邀約不斷，幾乎忙了大半年。

說故事行銷，看起來很笨？！

曾經有人問我：「故事行銷是不是一個很好用的溝通工具？」我回答：「其實，我認為說故事行銷是一個很『**笨**』的溝通工具！」怎麼說呢？你想想看，在說故事之前，你是不是要準備故事的「**內容**」？「**說**」故事給別人聽的時候，需不需要花個幾分鐘時間？當你說完故事之後，聽眾的反應還不一定會如你所預期的，你說這件事，在步調快速的現代人看起來，是不是很「**呆**」？

可是，這麼呆的溝通工具，究竟還是慢慢的變成了一門現代人必修的學問。業務代表說故事，讓客戶容易親近；主管說故事，更容易讓員工死心追隨；商品說故事，會讓消費者更容易感受價值；就連大學、研究所「**推甄**」時，都要說故事，因為教授也希望透過故事了解你；說故事、聽故事，對現代人來說，已經如同空氣一般的不可或缺。

有時，我會在課堂上詢問學員說故事行銷的**核心價值**是什麼？我提示的答案是 26 個英文字母的其中一個，有的同學很快的回答：「老師，是 S...」我好奇的問他：「為什麼？」他會說是故事的英文 Story 呀...當我面無表情時，其他的同學又會冒出「是 Y...」我又問為什麼？「讓聆聽的人說 Yes！」耶...還蠻有創意的，但是看我搖頭，這時又會有人說：「一定是 C...」難得有這麼自信的同學，他繼續說：「說故事要說出 Cash 現金啊！」眾人哄堂大笑。

有時，會突然冒出：「是 P 啦...Passion」說故事要有熱情啦！耶快要直指核心了。當 26 個英文字母幾乎快被猜完時，我會請學員把食指伸直指向自己，我提供的參考答案是「I」，在場同學同時驚呼，甚至有人敲桌子嘆息：「厚...原來是自己喔！」為什麼？說故事，要能說出「我的價值」以及和別人不同的「**差異化**」。同時，以「**愛**」出發（I 的諧音），以「**利他**」的角度，來幫助客戶少走一些冤枉路，省去時間、也省去金錢。

這，是我的一本初衷！

Contents 目錄

勇敢做自己說自己，世界就會看見你！

Storytelling Marketing

第一單元
說故事銷售
故事創造成交的契機！

Storytelling Marketing

陳伯伯紅著眼眶說：「唉！年紀大了記性不好，常搞錯地方，
媳婦們老是抱怨我，所以兒子們就裝了三個燈泡來提醒我，
免得三個媳婦又吵架。」小李順口問了伯伯，
那你今天要去誰家吃飯？伯伯低頭不語...

三個燈泡故事
勝過 300 本保險建議書

從豪宅到好窄？

有一家國際保險公司，邀請我以「**說故事的力量**」為主題，為他們進行 20 多個梯次的教育訓練。 一次，上課前，我在電梯巧遇業務襄理 Alice，她很興奮地告訴我：「老師，謝謝你，你的課程真的讓我受益良多，這次是我第二次上你的課了！」受到這樣的肯定，我當然很高興，也忍不住問她，所以你上完課，真的有運用故事來銷售嗎？Alice 回答：「當然啊，而且在短短幾個禮拜裡，我就創造了 5 件 5000 多美元的保險訂單耶，我自己都嚇了一跳！」

這麼好的效果！她是怎麼辦到的？ Alice 說，她用了「三個燈泡」。我記得，那是某一個梯次，業務員小李在台上發表的一個發人省思的真實案例。

小李有一天突然興起，跑到老客戶陳伯伯的鄉下豪宅要去拜訪他，應門的年輕人卻說，陳伯伯搬家了，要到後面的巷子去找他。於是，他循著鄉間防火巷的小路，找到了滿臉憔悴的陳伯伯，發現他的「新」家只是一間破爛髒亂的小屋子！小李試探性的詢問陳伯伯：「為什麼從豪宅住到這個好窄的地方？是發生了什麼事嗎？需不需要我幫忙？」「唉！」

陳伯伯嘆了一口氣，告訴小李，他的孩子成年了吵著要分家，他只好把家產分一分，豪宅讓給他們，自己搬出來，不用天天看他們臉色，免得心裡難過。

小李才剛要勸陳伯伯放寬心，卻突然瞥見，窄小屋內的牆壁上，裝了三個大小不一的燈泡，顯得特別突兀。於是小李問：「伯伯，你怎麼裝了三個燈泡，是不是怕室內太暗？」陳伯伯沉默一陣子，小李也覺得很尷尬，好像問了不該問的問題。最後，陳伯伯緩緩開口說，燈泡是兒子用來通知他吃飯的。大燈泡亮，就去大兒子家；中型燈泡亮，就到二兒子家；當最小燈泡亮時，就到小兒子家。為什麼會這樣子呢？陳伯伯紅著眼眶，說：「唉！年紀大了記性不好，常搞錯地方，媳婦老是抱怨我，所以兒子們就裝了燈泡來提醒我，免得三個媳婦又吵架。」小李順口問了伯伯，那你今天要去誰家吃飯？伯伯低頭不語。小李覺得奇怪，都已經過中午了，怎麼會還不知道？陳伯伯無奈的搖搖頭：「我唔哉，因為燈泡還未亮...」

主動帶話引出故事

我記得，當小李說完故事後，全場鴉雀無聲，似乎都沉浸在陳伯伯老年無人照顧的憂傷裡。我問 Alice，這故事對她有什麼啟發？她笑著說：「老師，這故事太好用了！」她說有一次到南部做客戶服務，恰巧見到隔壁是一家小型工

廠，於是，她就順道進去做陌生拜訪。老闆娘知道她是保險業務員，就有一搭沒一搭地跟她聊天，Alice 眼見氣氛冷漠，話鋒一轉，講起她之前在教英文的經歷，這話題反倒引起老闆娘的好奇：「好好的英文老師不做，怎麼會跑來做保險？」Alice 趕緊把握這和老闆娘建立關係的機會，順勢聊了起來。中間，還遇到有客人進來談事情，她幫忙倒茶、招呼，加深老闆娘對她的好感。聊著聊著，她向老闆娘提到，小李客戶從「豪宅」搬到了「好窄」的故事，「啊！啥米好窄？」這個俏皮的引言，引起了老闆娘的興趣。於是，Alice 把這個故事說給老闆娘聽，老闆娘聽完後，先是愣了一下，後來又喃喃自語：「啊！這種事不會發生在我身上啦。」

Alice 聰明的轉移了話題：「對啊！對啊！阿姨，您的小孩日後一定會是很孝順的，況且，您經營的工廠這麼有規模，看得出來阿姨是一個賢慧的好內助、好媽媽。對了，阿姨！那你身邊有沒有一些朋友，與陳伯伯一樣，只顧愛小孩，卻忘了愛自己的？」

這下子，老闆娘的故事開關似乎被打開了，開始敘述她的親友之間，那個人最寵小孩、那個小孩不孝啦、媳婦不尊重長輩的啦。幾分鐘之後，老闆娘似乎想到了一些東西而若有所思。Alice 只是淡淡的提醒她，說這個故事的目的，只是提醒她，除了為家庭付出之外，還是要「多愛自己一點點！」

完美的溝通或銷售，感性與理性之間的比例應該是多少？

隔了兩天，老闆娘竟然主動打電話給她，向她要了保險建議書，沒多久這個 CASE 就成交了。

70％感性+30％理性＝100% 故事行銷

我問 Alice：「有說故事與沒有說故事，效果差別在那裡？」她點點頭，整理了一下思緒：「過去，我們在銷售上，經常使用商品話術來行銷，這樣的銷售方式，有時會容易讓客戶落入商品與價格的比較當中，反應都很冷淡，成交的機率當然不高。」我問她，開始使用說故事行銷之後呢？「至少，客戶願意聽我講，在輕鬆的氣氛中，反而更願意打開心房，接受我的專業建議。」

對於 Alice 的領悟，我感受蠻深的。這幾年的教學生涯，讓我發現了一件可怕的事情，一般銷售代表幾乎都是「非常認真」的在銷售商品，但是往往效果有限。我發現，人們在溝通或銷售上最大的盲點就是「過於理性」，經常使用過多的「事實、數據、概念」來作簡報說明，結果，不知不覺中，反而拉開了自己與客戶之間的距離，完全忽略了要以感性的訴求，來喚起客戶的潛在需求。

我經常在課堂上，詢問不同行業與不同職務的學員一個同樣的問題：「完美的溝通或銷售，如果是感性與理性組成的話，它們之間的比例應該是多少？」有些學員回答 7 比 3，有些

則說應該是 6 比 4，絕大多數的意見，幾乎都認為感性層面應該要居多。

可是，當我一問到：「那，你們平常在銷售或溝通時，理性與感性的比例又是多少？」這時，幾乎全場的人都會笑出來，此起彼落的回答：「老師，理性好像佔了 8、9 成以上吧。」甚至有人開玩笑的說：「耶，老師，我們沒有理性、也沒有感性，只剩下追求業績的獸性了。」

想一想，你平常的溝通或銷售，理性與感性的比例是多少呢？

討 論 與 分 享

● 你曾經和客戶聊了那些故事？結果如何？

....

....

● 以你的經驗，要成交一個客戶需要說幾個故事呢？

....

....

老夫妻聽完故事後，老先生開始喃喃自語：「對啊！
我一個認真男人，每天清晨三點鐘起床做魚漿，一做
30 年，買一台進口車犒賞我自己，有什麼不對？」

兩公分的感動
賺進五千萬業績！

什麼‼車身比車庫長？

一個夏日午後，進口車業務代表林大哥陪著車主陳董把新車開回家，當兩人下車時，突然間嚇了一大跳，幾乎在同時大叫：「啊！那耶安捏？」他們從交車的喜悅天堂，一下子被打入地獄。

原來，車身長度比車庫還要多出了兩公分，導致車庫的鐵門關不起來，怎麼辦呢？他趕緊打電話給泥水師傅，請他過來現場勘查。師傅仔細觀察後說，把車庫的外牆打掉重建費用大約是十五萬元。更傷腦筋的是，陳董新家是一整排透天厝別墅的其中一間，為了整齊美觀，必須連同七、八戶鄰居的車庫一併處理，花費很可能會超過一百萬元以上。

林大哥把情況回報給主管，主管說已交車就不要管了，林大哥卻認為，車是他賣的，他當然得幫陳董想辦法。有些同事聽到了笑他很傻，應該要把時間用在開發新客戶，怎麼會把時間都耗在老客戶身上呢？回到家裡，老婆也碎碎念，說他魂不守舍的行為，已經嚴重影響到家庭生活了，他開始懷疑自己是不是該放棄了？

第三天早上，林大哥偶然透過玻璃看到一台新車從外面開入汽車展示間，同事們合力將一個三角鐵架做成斜板，置放於階梯上方，好讓車子順著斜坡開入。這個畫面讓他興奮地跳了起來、握拳大喊：「我找到答案了！」他的舉動嚇到了幾個在旁邊賞車的客戶。不管三七二十一，他立刻衝出去找了一位鐵工，請他做一個角度不是很陡的「緩斜坡」。

然後，他衝到陳董家，把斜坡置放在車庫的最裡面。當車子重新開入車庫，前面兩個輪胎因抵到斜坡而稍微往上移動，車尾很自然的往車庫內縮了 10 公分，車庫鐵門順利的往下拉，兩公分的差距瞬間消失了。往後兩年，陳董不斷地把故事告訴他的「富人圈」好友，林大哥則是一有機會就說這個故事給客戶聽。

這個故事，讓他前後成交了 10 台車！一台高級進口車平均 500 萬元起跳，林大哥縮短了 2 公分距離，為他賺進了 5000 萬元業績，也打破了他們公司當時的銷售紀錄！

大老闆的最愛，竟是一台破舊 Vespa

同樣地，張大哥也是用自己的故事，創造出更多精彩的故事。

一個下雨天，汽車門市進來一對穿著普通的老夫妻，張大哥請他們坐下來聊天，過程中張大哥發現太太好像很怕他介紹車款，一直想要離開的樣子。為了安撫他們的情緒，張大哥

說起一個他自己的小故事。

張大哥說他在中部服務時，經常與一位吳老闆相約，可是約了 20 多次都無法見面。有一天，吳董突然把他叫到公司的地下停車場，神秘兮兮問他：「小張！你知道我這輩子最有價值的車是那一台嗎？」張大哥看著 200 多坪車庫裡，停著閃閃發亮的各國名車，笑笑的不好意思回答。不一會兒，吳董快步走到角落，掀起一塊佈滿灰塵的黑帆布，一台破舊 Vespa 機車突兀的現身了，正當張大哥摸不著邊際時，吳董卻突然大聲宣布答案：「這，就是我的最愛！」

原來，吳董年輕時沒有錢創業，他向岳父借了 50 萬元，並代理銷售進口的磁磚。他每天騎著這台摩托車，前面放著一大疊三不嚕（Sample 樣品），後座坐著老婆，兩人一起騎著這台 Vespa 機車，從北到南騎了幾十萬公里，進到每個工地裡推銷，慢慢建立了幾十億營收的企業王國。吳董說因為看到張大哥鍥而不捨的努力，所以，有感而發的向他分享創業故事，後來，吳董也成了張大哥的客戶。

老夫妻聽完後，老先生開始喃喃自語：「對啊！我一個認真男人，每天清晨三點鐘起床做魚漿，一做 30 年，買一台進口車犒賞我自己，有什麼不對？」張大哥與他們深聊之後，才知道原來這對夫妻是對殷實的商人，只是前幾次購車，不是車子被偷、就是業務服務不周，導致他們對於購車很謹慎，

運轉
轉運

成功的故事與精彩的人生,皆必須以努力的行動來運轉,
持續不斷,自然會轉出好運!

沒想到，一個小故事就溶解了他們內心的疑慮，最後順利成交。

奔波上千公里，只為捕捉一個共鳴

而我和這家進口車商合作，也是有一段屬於我自己的故事。

幾年前，我出版了「熱情行銷俠的 28 個分享」一書，內容談的是我從小工讀生起家，十年內做到上櫃公司董事的職場經歷。舉辦了幾十場讀書會之後，我接到這家歐洲百年車廠台灣總公司的邀約，他們希望我為他們數百位資深業務代表、銷售主管，進行八個梯次的「說故事行銷」企業內訓。

「如果你是我，出版了第一本書，就獲得這樣子的機會，開不開心？」我問身邊的朋友，他們幾乎都為我感到驕傲，但同時也為我感到擔心。畢竟，對方是世界頂尖百年品牌，參與課程的業務同仁或經銷商老闆，年紀幾乎大我兩輪以上，是業務前輩、先覺，他們怎麼會不懂銷售？

好友 Adam 好心的提醒我：「日新啊，你要到人家公司上課，最起碼要去他們門市走一圈，感受一下他們的服務好不好？你應該要去買一台 300 萬的進口車來開開！」天啊！有沒有搞錯？上個課真的要投資這麼大嗎？冷靜下來之後，「接觸，就會形成策略！」這句話悄悄的爬上了我的心頭。

於是，我花了兩個星期的時間，開著我的國產車巡迴他們的 20 多個經銷據點，開了 1000 多公里 (將近環島兩圈的距離) ，訪問了 30 多位上課的學員，有些主管甚至對我說：「厚！我在這裡待了幾十年，你是第一個跑來跟我談課程怎麼上的老師！」

正式上課時，我把「尋訪之旅」做成三分鐘影片播放給現場學員看，引起了深度的迴響，紛紛在課堂上貢獻出精彩故事。

故事，可以影響他人，創造出一個接著一個經典故事，你我，就是故事中的主角，而貴人，其實就是你自己。

討論與分享

● 你覺得你的工作除了在創造業績數字之外，是在創造故事嗎？

....

....

● 在職場上你最尊敬的貴人是誰？為什麼他會變成你的貴人呢？

....

....

大雨不停的澆下，打溼他的全身：「我被公司派到這裡，是來開疆闢土的，況且買方出現了，根本是老天爺在給我機會，我沒有道理做不起來啊！怎麼可以輕易放棄！」

一張爛名片
造就 20 年房仲天王

我，滑進堆滿垃圾的黑水溝

在房仲界相當知名的林經理最近開公司又出書，大家看到的是他現在的風光，其實私底下他付出的努力不亞於其他人。我回憶起和他初相識時，他跟我提到的兩個經歷。

十幾年前，林經理初入行，新店有棟 24 層的大樓預售屋。有一天有一組客戶開著賓士停在門口，指定要買其中的某一棟，其餘的都不要。不過，該棟的條件好，沒有西曬問題，所以根本沒有人捨得賣。原本他以為會錯失這筆生意，後來靈機一動，跑去跟現場的工人打聽，說不定會有小道消息，可能有屋主要賣。工頭告訴他：「好像這個建設公司的主管有一間，也許可以去問問。」只是他並沒有該主管的聯絡方式，決定苦守大樓，守株待兔，甚至一天只上一次廁所，就怕錯過任何機會，可惜完全毫無進展。

在一個風雨交加的颱風天，雖然是休假，林經理仍是抱著一絲希望來到工地。天色就像他的心情一樣灰暗，大雨不停的澆下，打溼他的全身：「我被公司派到這裡，是來開疆闢土的，況且買方出現了，根本是老天爺在給我機會，我沒有道理做不起來啊！怎麼可以輕易放棄？」

不知哪來的想法，風雨之中，他決定進入大樓，看看是不是能打破現狀，找到解決的辦法。於是，他邁開腳步，往前走去。沒想到，走沒幾步，他一腳踩空，整個人突然滑了出去，就這樣掉到堆滿垃圾的黑水溝裡，身體卡住完全無法動彈，這下子，他徹底地絕望了：「難道，老天爺就這樣子要把我消滅了嗎？」

林經理嘗試著將雙腳舉起，想要確認一下自己的腳有沒有受傷，這樣的動作讓溝底下的髒東西一直浮上來，說時遲那時快，一張快被泡爛的名片浮了出來，翻開一看：「天啊！這不是傳說中建設公司的主管嗎？」頓時，他的臉上滑落的不知是雨水、泥水還是淚水？

隔天，林經理循著地址跑到他們公司。等了好幾個小時，好不容易等到這位陳經理。他卻直接了當地表示不想賣，於是林經理拿出那張破爛的名片，告訴他名片怎麼來的。果然，這段辛苦驚險的歷程吸引了經理的注意，同時也被林經理的真誠感動，答應出售。之後林經理也告訴買方這個故事，最終成交了這個看似爛牌的專案。

減法銷售，為銷售加分

林經理的拚勁讓他成交了不少案子，但他說，光有拚勁是不夠的，有時還必須運用銷售的技巧，「**減法銷售**」就是他常用的一個技巧，在不知不覺中，建立起客人和他之間的信任

一張快被泡爛的名片 浮了出來，翻開一看：「天啊！
這不是傳說中建設公司的主管嗎？」頓時，臉上滑落
的不知是雨水、泥水還是淚水？

感。他說，有很多資淺的房仲經紀人，一看到客戶對物件有興趣時，通常會見獵欣喜，立刻在言語上或行動上加碼，告訴客戶這個產品有多麼棒，這就是典型的「**加法銷售**」，但，往往這是失敗的開始。他的另一個故事就是典型的例子。

有一天，一位資淺經紀人 Adam，帶著老客戶吳老闆看了一家店面，吳老闆覺得很不錯，於是他們就在附近用餐。接著他急 CALL 同一部門的林經理來幫忙「讚聲」（站台）、「蓋印章」（推薦、說好話）。經理一到現場，Adam 馬上使個眼色要他幫忙說服客戶，說說這個房子到底有多好？

林經理看到客戶還在用餐，客氣的說：「沒關係！你們一邊吃，我一邊聽。」幾分鐘後，吳老闆也忍不住主動的說：「沒關係，林經理，這個房子您倒是說說看…」於是他緩緩開口：「其實，我今天不是要跟您談這個房子有什麼優點，而是來談這個房子有什麼缺點，你買了這個房子之後，有沒有什麼風險？」買方吳老闆聽完，立刻從座位上蹦起來說：「對對對，我就是想聽這個。」

如果林經理一去，馬上就像 Adam 一樣，只講好話，我想可能兩句就結束了。為什麼？因為客戶心裡面的門已經關閉了，他可能會想：「你們都是來給我促銷的，一直叫我買，你們是標準業務，完全沒有站在我的立場想嘛。根本不考慮我適不適合，只想賣你想賣掉的東西給我，對不對？」這，

就是「**減法銷售**」的力量，讓林經理與客戶第一次見面，就建立了非常鮮明的深刻印象。

用比喻擊破客戶盲點

精彩的還在後面，後來他們用完餐，移到另一間咖啡廳聊天。吳老闆提起他最近很煩，因為名下的另外一間房子，不曉得要賣還是要租？「那是什麼問題？」林經理關心地問他：「最近有人舉報我的房子有違建，說什麼我那個後院是加蓋，讓我很煩耶。」一個 40 多歲的大男人頓時苦悶了起來，林經理安慰他：「任何人碰到這樣子的事情一定會煩，不過，我想請教您一下，您有沒有拿過查報單？」吳老闆說不知道，也不知道政府機關有沒有來查過房子。

於是林經理開始分析給他聽：「我這是一個感覺啦，一般人聽到自己得癌症，一開始一定想說死定了、沒命了。其實，我們冷靜想想，癌症有分成很多種，它可能是初期的，有可能是一期，有可能是二期，也有可到最後的三期，跟最後的末期。大部分的人一想到癌症的時候，都會直接想到第四期，其實，搞不好沒有那麼嚴重，也許是在零期或是第一期。」

「所以，我想要不要我們直接幫你打個電話給違建查報處，我們請他過來看，到底是什麼問題？也許問題也不大，你不用那麼的擔心。」說完後吳老闆臉色大悅，全權交代

給林經理處理。他幫忙協調好查報隊要來的時間，誰該會扮演什麼角色？現場應該注意什麼？逐一讓吳老闆明白，同時也請一位同事在現場幫忙，順利地將整件事弄清楚。

違建問題處理完畢之後，林經理回過頭來問吳老闆：「先前那個店面，我們方便再談下去嗎？」這時的吳老闆當然十分願意。等成交價錢敲定後，林經理又主動詢問：「你希望貸款能夠貸多少？期望的利率是多少？一般店面是沒有寬限期的，你希望有一點寬限期嗎？」答案不用說也知道是肯定的，不然他也不會讓經紀人接這個案子。同時，他也提醒吳老闆一些重要的交易「**眉角**」，經過幾天時間，就把總價一億黃金店面談好也成交了。從此吳老闆完全信任林經理，也讓林經理在公司的銷售大哥地位無所取代。

站在對方的立場來聽故事、說故事，聆聽對方狀況後，做出適當的引導與建議，並且也真誠的把相關問題幫忙解決，擄獲客戶的芳心。這，就是卓越經紀人說故事帶動業績長紅的不變作法。

討論與分享

● 我的行業適合用減法銷售嗎？為什麼適合?為什麼不適合？

● 在你的銷售溝通過程中，有沒有什麼小技巧可以分享呢？

Storytelling
Marketing

前幾天我在街角，無意間看見一支公共電話，話筒垂
掛下來，靠近一看，耶！螢幕上顯示餘額尚有 8 塊錢...
你想，我要把 8 塊錢從話筒裡拿出來，**該怎麼做呢**？

8 塊零錢
創造 8 百萬放款績效

借兩塊要還三塊，高利貸?!

我教授說故事銷售多年，坦白說大多數的學員都是停留在「說銷售故事」，而非真正領悟「**說故事銷售**」。近日，我在一家金融公司授課，其中一位學員分享的以下故事，運用比喻的方式令人驚喜萬分，我一度想把它拍成一部微電影呢！

話說幾年前，有一位小型加工廠林老闆，看到金融業務代表 Tom 的貸款報價單後，瞬間的反應是：「好複雜喔，直接告訴我利率到底是多少？」Tom 詳實以報，老闆立刻酸他：「有沒有搞錯？這麼貴，你們是高利貸嗎！XX 銀行才多少而已。」Tom 沉住了氣，靈光一閃，決定用另外的方式和告訴林老闆溝通。

Tom 說：「林老闆，依你我的年紀，應該有用過投幣式的公共電話，對嗎？」老闆面無表情的點點頭，成功引導想像後，Tom 緩緩地說：「前幾天我在街角，無意間看見一支公共電話，話筒垂掛下來，靠近一看，耶！螢幕上顯示餘額尚有 8 塊錢，你想，我要把 8 塊錢從話筒裡拿出來，該怎麼做呢？一個是殺時間，等待螢幕上餘額慢慢跳到 5 塊錢，然後掛上話筒退出 5 塊錢，獲利了結。還是投入兩塊錢，接著

掛掉話筒，退出 10 塊錢。可是，重點來了，當時我不想等，可是身上也沒有任何零錢，這該怎麼辦好呢？」林老闆似乎被 Tom 的精采情境描述給吸引住了。

Tom 繼續說：「我心裡一急，轉身向一位路過的婦人借錢！」「拜託，我跟你不認識，別說兩塊錢，兩毛錢我都不借。」被嚴厲拒絕後，時間一分一秒過，我身邊的友人剛好從他的包包夾層裡，翻出閃亮亮的兩塊錢，我好開心，可是他卻悠悠地告訴我：「借你 2 塊，等等你要還我 3 塊。」這是標準的趁火打劫？！不過，當下我根本沒有想這麼多就答應了。最後，我及時獲得援助，結算獲利 8 塊錢，另外付給高利貸友人 1 塊錢。

「若是今天我獲利的是 800 萬，而付給友人 100 萬呢？」Tom 運用比喻的功力，讓林老闆的眉頭更加深鎖，好像比剛剛看報價單後，更皺了一些。

沒有互信，就沒有授信

Tom 說透過這個故事，他想告訴林老闆三件事：

第一：授信不是建立後再授，而是以信為基礎，先互信再授信。就像素昧平生的路人，即便只借少少的錢也不肯，因為雙方不認識，沒有互信基礎。

第二：價格未必是唯一，我們的資金規模，符合您當下的需求，並且可以快速提供您服務的價值。像那位友人，若是沒有即時拿出 2 塊錢，我也不可能拿到那 8 塊錢，即便他的利息高得嚇人！

第三：時效性與方便性，使得我們兩個雙贏，我也可以等變成 5 塊錢的時候再將它退幣，但是我卻少獲利 2 塊錢！

Tom 語重心長地結語：「林老闆，套用到今天的案子，我們雙方如果沒有完成第一次的合作，我永遠沒有辦法，為您在條件上取得更多的優惠。因為沒有互信，就沒有授信！而今天我快速的將案子完成，並且爭取到一定的額度，為您準備好原物料波動所需要的屯貨資金，這是個時機錢，若是我們拖了一個月，才將案子核准，其實您無形中的損失會更大。」

老闆聽完後哈哈大笑，案子不但成交，還介紹了許多同行給 Tom 認識！

神之左手，改變了全世界

運用比喻得宜的例子，還有以下這個案例。

我曾幫一家藥品公司上課，他們的客戶是執業的醫生，所以，他們經常要舉辦一些趣味性質的研討會，搭配新藥的上市說明。學員 Willian 規劃了一個紅酒品酒會，話題性夠，可是，要怎麼樣同時提到他們公司的新藥而不突兀呢？

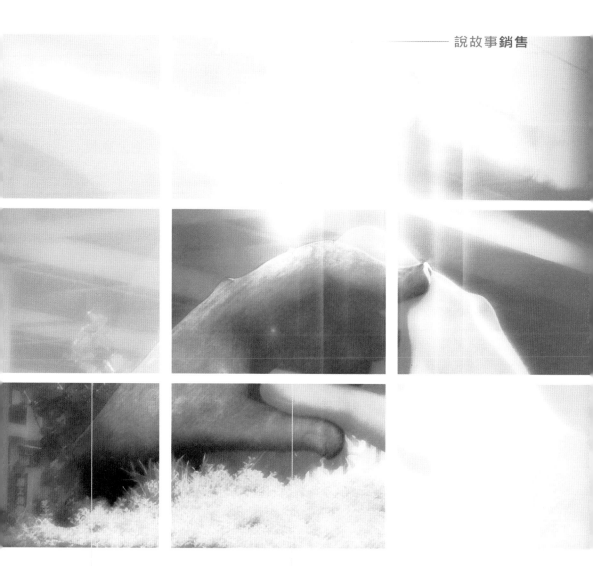

比喻如同「神之左手」,

會讓你從「引導」聽眾,

進入「輔導」聽眾的位子,

最後掌握「主導」的優勢!

他告訴我，為了這個品酒會，他特地到網路上查到了一對澳洲夫妻的製酒故事。他把簡報的主題稱為「神之左手」。一開始破題：「Mollydooker 是澳洲俚語『左撇子』意思，酒莊主人 Sarah & Sparky Marquis 夫婦倆都是左撇子！」介紹他們兩人的得獎事蹟之後，他馬上播放了一段畫面逗趣的品酒影片，說明了夫妻兩人獨創的品酒模式。（透過手動搖晃，把預先灌入酒中氮氣搖出來）

然後，他請醫生一邊品嚐不同的美酒，一邊說明每支酒的特色與製成故事，會場氣氛就在他趣味橫生的引導之下，變得輕鬆有趣。半小時過後，他的投影片裡，出現了幾個大字：「神的右手創造這個世界，神的左手則不斷的改變世界！」當所有人都在狐疑的時候。他淡淡的說：「這對夫妻用專業與創新，改變了釀酒的世界與生態。如同，我們的新藥 XX 一樣，透過創新產生了與眾不同的新療效。」一群酒酣耳熟之餘的專業醫生終於恍然大悟，有人哈哈大笑，有人點頭示意。在他完成了新藥介紹之前，他投影片上秀出了幾個字：「好酒請您品嚐，好藥請您處方！」

想當然爾，這麼認真說故事的 Willian，他的業績會不好嗎？他說：「與其每天在醫院裡，亦步亦趨的與其他十多位廠商競爭者，圍繞著醫生團團轉，不如用心舉辦有內容的研討會。」的確，他用一、兩句有關連性的「比喻」以及生動的影片，就讓專業醫生們，對他產生了絕佳的印象。

善用比喻，會讓你從「引導」聽眾，進入「輔導」聽眾的位子，最後掌握「主導」的優勢！

討 論 與 分 享

● 你常用比喻來和客戶溝通？有沒有什麼例子是很特別的？

....

....

● 如果把你現有的商品做個生動的比喻，那會是什麼？

....

....

故事，是每天自己所創造的，

留在自己的**筆記本**與資料庫裡，

只要你願意善用，

絕對會是一個故事高手，

你說是嗎？

在電話裡
怎麼說故事成交？

你，一直都在我們的故事裡

很多人會納悶，電話裡看不到客戶的臉，不知道他的情緒如何，該怎麼抓對時機說故事呢？以下這位電話行銷故事高手 Ruby，解答了大部份人的疑問。

Ruby 說那天她坐在辦公室裡，剛列印出到期的讀者名單，撥出第一通電話。電話接通後，她先詢問客戶張先生收書是否正常？雜誌有沒有在看？提醒他訂閱的雜誌下個月要到期了，是否要續訂？張先生冷冷的回答，如果沒有學生價，他就不續訂，而且連說兩次，聽起來就要掛電話了。

因為是電話行銷，看不到張先生的臉，只能猜想他大概對價錢不滿意，Ruby 趕緊說：「張先生，我們每一張訂單都有與出版社簽約，如果您一定要我用學生價給您，我可能會因為違反規定而沒頭路了。到時候，你可能要因為不願意多付這一千元而要養我喔。」沒想到 Ruby 的幽默讓他「噗」一聲笑了出來，氣氛一下子緩和不少。

於是，Ruby 一邊告訴客戶公司的經營原則，一邊細看電腦中的資料，然後用感性的聲音問他：「張先生，您還記得您

第一次訂我們的雜誌，是在師大附中福利社的南社出口嗎？您後來進入清大就讀也一直是我們的客戶，中間您有一陣子搬家，我們還幫您補書到永和景新街的新家，難道這些您都忘了嗎？」被 Ruby 一提醒，張先生好像坐了一台時光隧道，回到了青春年少的從前，頓時也感性起來。

因為 Ruby 的細心，電腦裡冰冷的資料，頓時成了一本青春日記，敲醒張先生沉睡的心，也聊起了自己的感受。在 Ruby 的詳細說明之後，張先生明白了這家公司的價值，不但阿莎力的續訂兩年，還陸續介紹了好幾個客戶，讓她感受到公司完整資料庫的妙用，以及說故事的價值。

Ruby 告訴我，電銷要做好的秘訣只有一個，就是把每個客戶都當成「真實」的朋友，而不是一筆筆的訂單或數字。當她每次與客戶聊完後，不管是 30 秒或 3 分鐘，都會把剛剛的感受或重要資訊留在電腦裡，即使是微不足道的「**一句話**」都會是後續的電銷同事，在關鍵時刻用得上的故事素材。當她「**主動分享**」客戶看不到的作為時，客戶的談話時間，通常會從一分鐘自動延長到五分鐘。

說故事，拆掉你我之間的牆

很多人經常問我：「老師，要怎麼說一個好故事呢？」我認為一個人會說故事，大部份的原因，是來自於他善於用行動來創造故事。人與人之間往往有一道無形的牆橫在前方，所

以，我常有個比喻，說故事行銷就是在拆牆，拆掉你我之間那座陌生的牆。客戶的牆有高有低，我們自己的牆也是。至於什麼時候該拆牆呢？我認為只要你的「**心**」打開了，這件事會隨時隨地出現。就像銀行信貸專員小李一樣。

小李剛進銀行信用貸款部門，有一天，他接到一通來自中年男子的電話，對方發現自己打錯電話，不斷喃喃自語：「唉！又是銀行...」回答的聲音低沉而無奈，於是，小李好奇地詢問對方否有資金的需求呢？

電話筒那頭沉默了 20 秒，小李不放棄繼續問：「先生，您有什麼問題可以說出來，我不見得能幫上忙，但是起碼能提供您一些意見，如果不行，頂多耽誤你幾分鐘時間而已！」

於是，中年男子才緩緩說他女兒生病了，需要一筆 20 萬元的醫藥費，他曾找過兩家銀行，兩家銀行業務都打包票說絕對沒問題，沒想到進件沒過，才指責他條件不好，讓他很受傷，因此對銀行死心，實在想不出別的辦法，只好向地下錢莊借錢。

聽完後，小李詢問了他一些工作狀況還有名下負債，當小李向客戶解釋或許他們銀行能幫他這個忙時，他充滿了排斥和不信任感。

說故事行銷目的與價值

1. 拉近距離培養 ▢
4. 溝通魅力 ▢ 效果
　　說故事溝通

2. 建立信任打造 ▢
　　說故事行銷

5. 吸引廣大 ▢

溝通對象

核心
價值

3. 創造客戶潛在 ▢

6. ▢ 他人＆自己
重拾熱情　說故事領導

溝通目的　　溝通內容

7. 促成 ▢　說故事銷售

8. 提升商品 ▢　說故事銷售

※ 反白空格之答案，請參考於 42 頁下方 ※

有態度，自然就會有技巧

於是小李說：「先生，我了解您現在的感受，我曾經心臟開刀住過院，看過家人為了籌措醫藥費的那股急迫，所以請給我機會幫幫您，如果真的還是不行，頂多您再去錢莊借，反正錢莊也不會跑掉。」

「如果您現在不給自己一個機會，就跑去錢莊借錢的話，就算女兒的病好了，錢莊龐大的利息壓力只會是另一個惡夢的開始，而您的家人也得不到平靜生活。」對方想了一下，當天就跟小李約見面詳談，而小李也用最快的速度，幫他處理這個案件，希望能趕快幫到他。

經過小李與徵審單位一番折衝後，終於幫客戶核准了案件。於是，他趕緊跟客戶回報好消息，客戶聽到時根本不敢置信。後來小李約他對保、撥款，也一起拿著存簿去刷存簿，當他看到存簿餘額 20 萬的數字時，頓時眼角泛著淚光，小李也在熙來攘往的銀行大廳裡，感受著這份幫助人的悸動。

說故事行銷的能力，並不是單純的一門技巧，而是一種態度。就像小李擁有「助人利他」的態度時，技巧自然會伴隨著出現！下次服務的電話鈴響時，不管對方是誰？記住！發自內心的了解問題，你的工作會比原來的樣子更有趣，你的收入當然也會比原來的更高喔！

故事，是每天自己所創造的，留在自己筆記本與資料庫裡，只要你願意善用，絕對會是一個故事高手，你說是嗎？

討 論 與 分 享

● 看不見客戶的臉，你會如何建立起彼此的信任？

....

....

● 和客戶說故事，你覺得最難的地方在哪裡？

....

....

Storytelling
Marketing

在 Blues 帶看 50 間房屋之後，結果都沒有成交，於是，
他詢問這位單身老師平常的興趣是什麼：「您平日下
課後都做些什麼事？答：**「做蛋糕！」**... 什麼？！

會說故事是徒弟
會聽故事才是師父

你看到客戶內心烤爐了嗎？

一位房仲學員 Blues 說，他曾在三個月內，帶一位有購屋意願的物理老師，看了將近 50 間的房屋，都沒有成交。直到他真正聽到客戶內心渴望的故事，才改變這一切！

在每次帶看後，Blues 總會詢問這位外型魁武的老師：「覺得房子怎麼樣？」老師總是微笑地說：「不錯。」然後就沒有下文了。直到有一次，他實在受不了了，直接了當地告訴物理老師：「我們看了這麼多的房子，你都不滿意，這樣好了，我們今天就不要看屋了。」於是，Blues 放開心地與他閒聊，詢問這位單身老師平常的興趣是什麼？下課都做些什麼事？

「**做蛋糕！**」什麼？原來答案就這麼簡單！

如果你是這位業務代表，聽到了物理老師的興趣，內心會不會也跟著大喊一聲：「賓果！」當 Blues 去了解物理老師的生活故事的時候，他聽到了、也看到了物理老師的完整生活面貌，物理老師不再是一個面貌模糊的客人。於是，他後面所要做的事情，就變得很簡單，就是去找一間「廚房特大」

會說故事是徒弟，會聽故事才是師父！

的房子，重點是要能夠放下他的「三層大烤箱」，讓他能在裡頭享受到做蛋糕的樂趣。

後來，Blues 當然順利的成交了。我問他從這件事情領悟了什麼？「努力，並不一定會有收穫！我應該對每一個客戶都要有深刻的了解，這樣子對於成交才會更有效率。」沒錯！當你感覺每個客戶都是你的朋友時，你的成交機率就會大大的提升了，因為，朋友之間的情感交流故事，才是開啟信任的關鍵。

抽象轉成情境，就對了！

一隻兔子跑到海邊去釣魚，第一次釣不上來，第二次還是釣不上來，到了第三次，魚群終於忍不住告訴牠：「你不要再用紅蘿蔔釣魚了，好不好？」以聽眾角度說故事，才會是最有效率的溝通。

舉個例子。幾年前，我認識了一位鑽石等級的傳銷商，風姿綽約的外表下，卻有著鄰家女孩的清新氣質，當我第一眼看到她時，完全無法想像她竟然是一個年收入上千萬的女富豪。在第二次碰面時，我們約好要商談關於我的新書講座合作事宜。可是，沒想到從見面的第一秒鐘開始，她便手足舞蹈的向我分享她剛完成的「環遊世界之旅」。

她用電腦一邊秀出數百張的風景照片，一邊裡談她與南極上

萬隻企鵝的大合照趣聞，以及追逐北愛爾蘭綠光的興奮，還有澳洲大堡礁的貴族享樂旅程，看得我真的是目眩神迷、嚮往不已。

在 50 分鐘會面中，她足足的說了將近半個多小時的旅遊，基於禮貌我只好一邊看、一邊微笑思考：「到底她為什麼要這麼做？我們不是要談合作嗎？她傳銷不是經營得很好嗎？難道她想賣旅遊行程給我？還是她暗戀我，希望與我共同出遊 ...」一個個問號，不停重複的跳進我的腦袋瓜。

她不斷的展現她擁有了「**時間**」自由與「**金錢**」自由的訊息。

頓時，我恍然大悟，她分享的目的，其實是用旅遊【畫面】故事吸引我，希望我跟她一樣快樂（前提是進入她的體系，加上三年不眠不休的耕耘），所以她從頭到尾沒有與我談傳銷制度、商品好處甚至講座合作細節。她知道只要我的需求與熱情被她點燃了，我就會緊緊跟隨她，我想這個銷售方法，應該是她的經驗法則裡，勝率極高的戰術。

她非常清楚，一旦客戶的需求與渴望被她引動了，會是客戶主動請求談商品或制度。

也就是說，她在言談間，已經把自己價值觀用「**旅遊故事**」傳遞給我了，卻不是用生硬的「**高收入故事**」來炫耀於我。因此，對大多數與她接觸的人來說，他們看到的是一個「勇

於逐夢的女性」，而不是一個「咄咄逼人的女強人」，當然會非常想要進入她的麾下一起工作。

買百萬名車，還是買到生活！？

頂尖的業務代表，並不會隨著客戶的問題而起舞，反之會從在接過客戶的問題後，再積極的拋出一個更具啟發性的畫面或故事給客戶。我有一位課程學員，是進口高級汽車的營運主管，他說他有個客戶是雙博士的學位，品味非常高，在汽車展示間賞車時，向他要求價格的優惠。

他心想以客戶的社經地位，真正要的應該不是折價的空間。於是他說：「您所買到的絕對不是一部車子的價格而已，而是體驗到更美好的人生價值！」這句話引起客戶的好奇，也想知道他葫蘆裡到底賣什麼藥？

於是他繼續說：「您知道我擁有這同款的車子已經三年了，它陪我度過人生當中最美妙的時刻，每當我工作上稍有空檔時，我就會帶著炊具、帳棚把車開到新店的山裡頭，有時候是在星空下一個人吃碗泡麵，有時則是在郊外清晨裡，品嚐一杯自己泡的濃郁咖啡，也把世俗塵囂的一切通通都拋開，盡情與家人享受美好的時光。」當他敘述這部車帶來的豐富人生時，客戶也深深的融入其中，甚至流露出嚮往的神情，他也當場邀請客戶下次一起去戶外體驗。

沒想到，客戶一聽就決定購買這部數百萬的名車。成交之後，每次遇到客戶他總是會問客戶有沒有開車到郊外賞月觀日呢？客戶回答：「從來沒有！」但是客戶說，當時聽到他對於美好生活的追尋經驗，已經很值得了！

為什麼這位銷售主管可以輕易的引起博士客戶的渴望與需求呢？因為他觀察到這位學有專精的雙博士，他的忙碌生活形態，一定讓他無法輕鬆的好好享受人生。所以，透過一個畫面、一個故事就輕易的穿透了他的鋼鐵之心，啟動了那個內心的開關。

討 論 與 分 享

● 你比較常說故事？還是比較常聽故事？為什麼？

....

....

● 說故事可以省去客戶的金錢與時間，你同意嗎？

....

....

Storytelling Marketing

故事存摺

陌生到成交，她從自己的故事存摺中，
提領出六種不同型態的故事，
每個故事都是有**情境**、有**畫面**、有**吸引力**…

擁有一本故事存摺，
才能創造說故事時機

40 年來只有 12 項商品，為什麼？

通常，一個好的溝通者，會在整個銷售流程中，會挑選適當的時機，講不同的故事給客戶聽，從談話內容中展現個人、商品或組織的價值。我曾經在逛街時，偶然在一個擺設精緻，看起來就像是貴婦使用的保養品專櫃，聽見櫃姐和客人的對話。

客人：你們的東西味道好怪，好難聞。

櫃姐：您是第一次來吧？（微笑以對）我想，您一定常常使用很多很棒的保養品，看起來氣色好好喔（初次見面，讚美、肯定客戶最重要）

客人：這是什麼牌子，怎麼從來都沒聽過？

櫃姐：這是歐洲的牌子，我們代理進口 8 年多了，因為很少打廣告，所以比較少聽到。我們總公司 40 年來，只生產了 12 項商品，平均三年才會有一支新商品，您知道為什麼嗎？（引導客戶想要聽**品牌故事**）

客人：什麼意思？

櫃姐：因為我們非常重視研發與效果，所以，在歐洲經過數
百個皮膚科專業醫師的肯定與推薦，還有臨床實驗，
我們才會進行上市。所以，只要新商品只要一上市，
就會在幾年內長賣「數百萬條」，堆起來都有十幾座
101 大樓那麼高了。而且「百分之90」的使用者都會
再次回購，像這支商品它是因為（開始說**商品故事**）

客戶買的，是你對他是認同

客人：歐洲的產品，台灣人使用會不會太油 ...

櫃姐：這是一個很棒的問題（要支持客戶的任何提議，讓他
從你的回答中感受你對她的尊重，客戶買的其實是一
個認同），我自己有很多客戶一開始用的時候，也都
會有這樣子的疑慮（同理心，站在客戶立場快速拉近
距離），可是，後來我發現他們用過之後，都會回來
跟我說，這樣的擔心是多餘的，你知道為什麼嗎？
像有一個客戶，他有富貴手......（開始把重購的**客戶
故事**，說給現場客戶聽）後來這個老客戶告訴我說，
原來你們的鎖水保濕做的這麼棒（答案留在後面說，
前面用真實故事引導，比較不會有說教或銷售對抗的
感覺），所以，您放心，這個品牌會引進台灣，我們
絕對有做過相關的研發與調整。

客人：你們家的產品都沒有折扣，別家都有打五折、六折！

櫃姐：對啊，前兩天我同事還告訴我隔壁櫃有在打三折的呢？
可是如果妳是我，會去買嗎？其實，我想以您現在的
生活品質（話語中再次肯定客戶），在乎的一定不是
價格或贈品，而是使用的價值，是嗎？（想辦法把客
戶拉回商品的價值溝通上）像我這個客戶啊，她說家
裡頭的保養品少說也有上百罐，但是這一季她卻只用
我們家的商品，你知道為什麼嗎？（開始說**研發故事**）

客人：你們的東西不是植物粹取的，所以就不是天然的！

櫃姐：對對對，我的看法和你是一模一樣的（不要用直接的
理性事實去說服客戶，因為對妳沒有產生信任之前，
客戶只會想要更多的反對，來捍衛他自己的認知），
在我還沒有到這裡上班之前，我甚至覺得這個品牌有
問題（用更糟的感受，來與對方建立共同的經驗與感
情連結），你知道公司為了讓我可以跟你介紹商品，
花了多少時間讓我們認識商品嗎？（引導客戶聽到你
想要說的）

客人：不知道，兩三天吧？

櫃姐：你一定猜不到（引起客戶重度好奇）！我們最起碼要
上 200 多個小時的專業知識之後，才能到這裡來與
你解說商品（慢慢建立自己的形象），我之前的工作
是（說**個人故事**，讓客戶對你產生更多的了解與依賴，

例如：為什麼妳會在這裡上班？妳的熱情是什麼？是因為自己有醫護的背景，還是不認同其他專櫃的速成訓練）。

用客戶資料，說故事

客人：異位性皮膚炎，我買了好多種這種乳液都沒有用，算了啦，你們的應該也差不多...

櫃姐：我完全可以體會你這種幾乎想要放棄的心情（順勢翻開客戶資料本，把你想要說的例子拉出來）前兩年，我在敦南誠品店，有個愁容滿面的媽媽天天經過我的櫃位，我看到她的小孩全身紅腫，實在很心疼，我連續幫他擦了好幾天（舉出實際的**品質故事**輔助說明）

客人：好啦好啦！算便宜一點，我會介紹朋友來買~

櫃姐：您真的是太厲害了，我相信你的一句話會比我說上一百句都有用，這樣好了，妳覺得這個商品是不是你需要的東西？（再次確認客戶認知，從客戶回答中檢查她的了解，如果不足繼續說故事）

我站在那裡觀察了好一會兒，不禁佩服這位櫃姐，不僅有耐心，口才也好，懂得隨時運用自己身邊的故事，從陌生到成交，她至少說出六種不同型態的故事，每個故事都是有情境、有畫面、有吸引力。當然，最後那位客戶開心地買單了。在銷售過程中，隨時運用故事，讓客戶不斷地被你的談話吸

引，最後願意放心與你交易，看起來實在輕鬆，不過，這必須仰賴平常對故事的蒐集與運用習慣。也就是說，引導客戶聽故事並不是最難的一關，需要反覆練習的地方，反而是你的故事內容「準不準確？」有沒有辦法引起客戶的「認同與共鳴？」

長到三分鐘的故事，短至一分鐘的故事，甚至是 10 秒鐘的引導，其實，都是經過整理與規劃的。當然，有些是自己的體悟整理，有些則必須與公司的企劃單位合作，透過商品的了解，挖掘出有效的故事，並在適當的時機運用，讓客戶在無壓力下買單，就是銷售的最高境界。

討論與分享

● 分享一下有哪些故事是我在拜訪客戶時，必定會說的？

....

....

● 說故事給企業客戶（B to B）聽，有這樣的經驗與案例嗎？
（您可 E-mail 到 easy5869@yahoo.com.tw 免費索取案例資料）

....

....

故事‧往往發生在你我之間對話當中...

Storytelling Marketing

第二單元
說故事溝通
打破人與人之間的高牆！

Storytelling Marketing

* 爆點
* 放點
* 切點

爆點就是「**爆炸點**」的意思，

通常它是透過一個「**衝擊性**」或「**震撼性**」的畫面，

讓聽眾或觀眾流下深刻印象，

甚至內心會馬上好奇的問：「**為什麼會這樣？**」、

「然後呢？後面的發展是什麼？」

吃故事冰淇淋甜筒，
讓聽眾憶難忘

聽得懂、記得住、傳出去

幾年前，電視上出現了許多說故事的廣告。我個人印象比較深刻的是某家銀行的「媽媽越洋幫女兒坐月子篇」，它是由真實故事改編的，不知道你還記得影片當中的情節嗎？

一位來自台灣的老婦人，在南美洲的委內瑞拉機場，因為違禁品而被拘捕了。她在審問室裡，與一群洋警察雞同鴨講的大聲爭吵，她懷裡緊抱著中藥包，告訴衝進審問室的華裔警官說：「這是我要給女兒坐月子的中藥材，我是要來幫女兒燉雞湯補身體的。」她說與女兒已經有好幾年沒有見面，不曉得為什麼會被拘留在這裡。

鏡頭，停留在華裔警官不可置信的訝異表情上。

這時，一個樸質的女聲旁白：「她，ＸＸＸ，第一次出國，不懂英文，一個人獨自飛行三天，橫度三個國家，跨越三萬兩千公里。」影片交錯出現了老婦人在轉機大廳趕路狂奔的急切，還有她一個人蹲睡在候機室裡的孤寂，以及用英文紙張詢問外國人的無助，最後是在飛機上看著女兒與孫子照片的期待。背景音樂中的高亢女聲，似乎在歌頌這幕親情的難

捨與可貴。

最後,旁白說:「她是怎麼做到的?」電視螢幕慢慢轉黑,最後浮現一行字:「堅韌、勇敢、愛」

爆點、切點、放點

現在,我用這個廣告影片為例,用另外一種說法「**爆點、切點、放點**」來說明故事的結構

爆點就是「爆炸點」的意思,通常它是透過一個「衝擊性」或「震撼性」的畫面,讓聽眾或觀眾流下深刻印象,甚至內心會馬上好奇的問:「為什麼會這樣?」、「然後呢?後面的發展是什麼?」這個畫面不僅僅是個開頭,也是讓人印象最深刻的地方,由這個畫面出發,之後再補足故事的前因後果。

廣告中,爆點很明顯就是「一群洋警察圍拿著違禁品,質問台灣老婦人」的畫面,其實它應該是發生在整個故事裡的中段,可是為了呈現巨大的「反差」效果,導演與編劇先把它「往前」挪,也就是我們在寫作上的「倒敘法」。目的是為了營造懸疑的感受,讓聽眾自然被「引導」,想要繼續的把故事看下去。

切點就是「**切換點**」,也就是切換到另一個場景,將更多的前因後果與細節過程,補充上述畫面的不足資訊,然後以幾

個具體情節的堆砌，談出這個故事的重要價值。以這個故事來說，就是用老婦人突破萬難要幫女兒坐月子的旅程，加上幾場充滿戲劇張力的無助場景，例如：不懂英文卻以英文紙牌詢問機場陌生人登機路線，老婦人在機場飲水機前氣喘如牛的喝水，一個人蜷縮在椅子上，孤獨看著孫女的照片...等，凸顯她對女兒的堅定之愛。

放點就是「放重點」的意思，在最後一段，由於廣告手法的考量，並沒有把最後的結局說完，故意留下一個想像空間給觀眾。不過，最重要的意涵，是透過這個故事去「提醒」、「啟發」觀眾，在平凡大眾之中，每個人都會不經意展現的「堅韌、勇敢與愛」。藉此，與觀眾產生一個微妙的情感「連結」，宣示這家企業認同這樣子的不平凡價值，他們是與平凡大眾站在一起的。

一個好的故事，如果能站在聽眾或觀眾立場來架構，例如先說一個震撼性/特殊性的畫面，然後，再慢慢交代因果與過程。如果，一開始廣告公司說故事的方式是採用循序漸進的方式，先交代老婦人為什麼要出國、買了哪些東西、遇到什麼困難、最後被海關刁難等，這個故事給人的感覺，就不那麼具有衝擊性，也就不會這麼吸引人了。所以，倒敘，是說故事行銷的一個重要技巧之一。

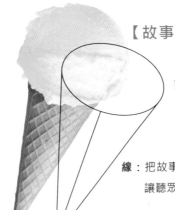

【故事冰淇淋】

面：故事一開始出現一個爆炸性／震撼性的畫面
讓聽眾或觀眾好奇想問【為什麼？然後呢？】

線：把故事的前因後果及三個細節鋪陳說明【倒敘法】
讓聽眾或觀眾可以感受到主角努力的過程與價值

點：故故事的結局以及這個故事最想表達的重點是什麼？
引起聽眾或觀眾情感上的認同、共鳴甚至是感動

兩小時電影‧濃縮成 500 字故事

我曾經接到一個有趣的任務，一家保險公司希望我能教導他們的業務同仁，用三分鐘時間「**說**」完一部電影，並且能夠連結到保險商品。這部電影片名叫「**錢不夠用**」。有些保險公司腦筋動得快，會播放電影裡的 40 分鐘精華片段，當成商品說明會前段的娛樂節目。目的是以娛樂的形式，提醒潛在客戶要多愛自己一點，不要等到年老了，才發現自己的保險與保障不足。這家保險公司希望可以讓客戶在沒看電影的情況下，透過業務同仁的表達，也能感受到影片中人物在做些什麼。於是我運用 **爆切放** 原則，將故事整理如下：深夜急診室裡，一個婦人抱著一袋血漿，跪求醫生要先救她的女兒。身旁一群人胡亂拉扯的阻止她，最後她癱倒在地上，

說：「媽媽已經七十多歲了，讓她走吧，我女兒還年輕，求求你們救救她啊。」她的先生，也就是二哥，轉頭對著其他兩位兄弟說：「對不起，我也想要救媽媽，可是我女兒也命在旦夕，我也很痛苦啊！」原來，三兄弟的媽媽生病住院急需血漿急救，二哥女兒也在同一時間發生車禍送到同一家醫院。可是血庫卻只剩下一袋稀有血型，怎麼辦呢？所有人焦急成一團。

楊媽媽的先生早逝，辛苦拉拔三個兒子長大。不料三個兒子作生意失敗，通通跑回來跟老媽借錢。她一咬牙把身上僅有現金、金飾，甚至是一口金牙，都拔下來給兒子們，街坊鄰居問她：「會難過嗎？」她說：「會，不過，是因為我幫不了他們而難過。」

楊媽媽一直被糖尿病困擾，因為怕帶給兒子負擔，她不敢去看醫生，只是找些偏方吃吃。發病期間因為擔心醫藥費，只好輪流住在三個兒子的家裡頭。甚至，為了籌錢給兒子，還一度跑到街頭去乞討，讓街坊鄰居看了都不捨！最後，媽媽在意識朦朧之間，聽到大家為了一袋血而爭吵。於是，她用僅剩的力氣，拔掉自己的呼吸器，就這樣離開了人世，也讓那袋血漿救活了孫女。

「如果，他們一家人有完整保險規劃，不僅可以支付昂貴醫藥費，即使媽媽走了，身後留下的錢，還可以幫助兒子們東

山再起」，業務員說這個故事是要提醒客戶，保險，是愛自己與愛家人的最佳方式，讓自己與家人都可以同時免除意外的打擊！

雖然只有短短 500 字左右，卻將兩個小時的電影內容清楚表達，也傳遞了保險的重要性。更重要的是，客戶能夠清楚了解，你所想要表達的理念。運用廣告、電影的內容，來說故事影響客戶，並且善用爆、切、放，讓你的故事更精彩！

討論與分享

● 你最近看的有故事性的廣告或微電影，讓你印象最深刻的是哪一部？

　　　　　　　　　　　　　　　　　　　　　　

　　　　　　　　　　　　　　　　　　　　　　

● 其中印象最難忘的畫面是什麼？請練習用一分鐘敘述，然後用一句話來形容它！

說故事關鍵手法：倒敘法

爆 點 (到位)	如同攝影師說出故事中最深刻的一個畫面 引發聽眾與故事主角之間的**情感連結**！	故事內容
事件	■ 第一句話說出人事時地物，讓聽眾快速掌握 故事的時空背景，以反差帶給聽眾衝擊、震 撼或懸疑？讓聽眾內心好奇想問：「為什麼？」	一位來自台灣的老婦 人，在南美洲的委內 瑞拉機場，因為違禁 品而被拘捕了。
畫面	■ 說出具體場景、人物動作、關鍵對話、氣氛 感受，目的是把聽眾帶到故事的現場，聽完 第一個畫面後內心想問「然後呢？」	她在審問室裡緊抱著 中藥包，與一群洋警 察雞同鴨講大聲爭吵 ，力爭這不是一包毒 品(違禁品)

切 點 (入味)	如同剪接師切換不同的場景，談出故事中最重 要的三個過程**細節**，凸顯故事主角努力**價值**！	旁白：「蔡英妹，第 一次出國，不懂英文 ，一個人獨自飛行三
細節 1	■ 補充**因**或**果**，讓聽眾腦海中的資訊可以更完整	天，橫度三個國家， 跨越三萬兩千公里。」
細節 2	■ 故事主角如何投入努力才讓事情更好？ 讓聽眾知道主角突破困難做了那三個**具體化**	1. 老婦在機場狂奔及問路 2. 蹲睡候機室坐椅及喝水
細節 3	的事情	3. 看著女兒與孫子的照片

放 點 (對胃)	故事的重點是什麼？要放下去的點是什麼？ 透過故事最想傳達給他人的一個態度 / **啟發**	背景音樂高亢女聲， 似乎在歌頌親情難捨
影響	■ 故事最後結局怎麼了？對故事主角產生了什麼 樣的改變？讓聽眾產生**認同**、共鳴甚至是感動	與可貴。最後旁白說 ：「她是怎麼做到的 ？」螢幕轉黑，浮現
感想	■ 建議用第一人稱（我）抒發故事的結語，最後 用一句**關鍵句**，讓聽眾可以深深的烙印心中。	一行字：「堅韌、勇 敢、愛」

故事發生順序：1. 老婦機場狂奔　2. 問路　3 審問室與警察爭吵　4.蹲睡坐椅及喝水
　　　　　　　　5. 看著女兒與孫子照片

說故事的順序：3. 審問室與警察爭吵　1.老婦機場狂奔　2.問路　4.蹲睡坐椅及喝水
　　　　　　　　5. 看著女兒與孫子照片

Storytelling Marketing

啟發

看見攝影師+剪接師+燈光師

我...還吃得到米其林五星級牛排嗎？

攝　　影　　師

事件 人事時地物	15 年前的一個夏日午後，我接到好友大華的電話，他說，醫生說他得了食道癌，應該沒救了。
反差	當時，醫生主張，大華只剩下三個月的生命。沒想到，大華不僅前前後後共領取了一千四百多萬元的保險理賠金，現在，他還依然活躍在商場上，甚至積極參與公益活動。
畫面	
□ 場景	大華知道消息時，第一個想到的就是我。我在震驚之餘，在第一時間，立刻開車載他到榮總，並勸他住院治療，當時，不知為什麼，一路上不但一直遇到紅燈，還目睹了好幾場車禍，交通混亂，讓坐在車上的我們，也感到心慌意亂。
□ 人物 □ 對話	好不容易到達榮總，下車走進一樓的景福園時，大華突然神情緊張地把我叫住：「等勒等勒，讓我先去吃一頓好的，我都不知道我走進去，以後能不能繼續享受美食了。」他一邊說，一邊用企求的眼神望著我，眉頭深鎖，靜默之間，我似乎還聽到他的嘆息。我拍著肩膀安慰他：「兄弟，我們路還很長呢，你一定會好的啦！等你好了，我再帶你去吃米其林五星級牛排！」
□ 氛圍	醫院一樓的庭院裡，許多掛著點滴、坐著輪椅的病人面無表情的看著我們，不安的情緒迴盪在空氣裡。
□ 感受	我看著大華恐懼的臉龐，內心感到不捨，同時也一直想著要如何幫他重新站起。

討論與分享

● 故事看到這裡，會讓我想到什麼？.......................................

● 這，與我平常說故事的方式有何不同？.......................................

三個細節，展現價值

剪　接　師

我做了那些服務展現價值？	大華在第一次化療結束後，精神恢復得還不錯，180公分的健壯身材依然生命力旺盛，只是，偶而會有情緒上的低潮，由於發病前幾個月，他向我買了高額醫療險，這些住院理賠除了都能讓他安心養病之外，還能支付家裡與店裡頭開銷。
☐ 過程1 (細節1)	當時，我告訴他：「大華，你不要想太多啦，真的，你知道你現在的職務是什麼嗎？董事長！你現在是日領三萬元的董事長耶。」頓時，他被我逗得哈哈笑。有時，我還會他一起看美食節目，計畫著等他出院，要到哪裡吃好吃的，真誠地與他分享，鼓勵他要健健康康的出院，才能把所有的美食吃完。
☐ 過程2 (細節2)	因為，我從事壽險業，大華自然而然把罹癌之後相關事情，都交給我處理。我深入研究大華其他公司的保單才發現，原來，癌末治療的併發症治療，有些公司是不賠的，為了這件事我特別跑了十多家醫院，問了好幾個專家，無非是要為他爭取到底，該給大華一毛都不能少！這加深了他對我的信任，我時常半夜接到他聲音沙啞的電話，有時是他親友小孩出狀況，需要聽聽我的意見，有時是醫療壽險上的討論。
☐ 過程3 (細節3)	在他復健期間，我每一年都隨著老家附近的媽祖環島行腳，在八天七夜的行程中，我最開心的是，只要接近大華家，我都會打電話告訴大華：「耶！趕緊出來鑽媽祖轎底，讓媽祖保庇你回復健康身體。」大華也會乖乖地出門鑽轎底！

討論與分享

◉ 故事看到這裡，我會覺得故事主人翁是一個什麼樣的人？

......

◉ 我(或從聽眾角度)對上一段哪些地方最有興趣？為什麼？

......

感性結局，感情啟發

燈　光　師

把光聚焦 一個重點 同時打亮 聽眾內心	經過數十次化療後，大華依然不停地寫著他的美食地圖，甚至要遠征日本、韓國，不斷地以他的真實經歷鼓舞了許多人。回想第一次向大華談保險時，他告訴我，因為他的姑姑也在做保險，所以沒有談成保單。後來，我與他在病發前一年，一起去探訪一位癌症病人，我們離開時一起乘坐電梯，電梯從八樓下降到一樓時，他開口向我買了十個
□ 結局	單位，隔年又加買了醫療險。他擁有了最完善的醫療規劃，即使因為幫親友作保，而被財產假扣押時，都不致於影響到他的家庭理財與事業規劃。
□ 影響	我想談的是，很多人認為保險業務員是沒有社會地位的，可是，我卻認為「升級」就會有地位，當你把愛與關懷擺在前面時，你的價值自
□ 感想	然就會被看見，保險的價值跟著發揮功能，這時身邊出現的每個人都是最好的兄弟與貴人，你說是嗎？

討 論 與 分 享

● 一個不好的故事 [問題] 在哪裡？

　誇大、冗長、虛構、流水帳，只說抽象感想，複雜，

　沒有重點⋯所以，一個好故事，應該要讓聽的人能夠⋯

每個空格請用一字填空

　　　____得懂　____得住　____出去

三分鐘好故事的賣相是什麼？

坦白說，一般從事金融業務的朋友都會說故事。但是由於客戶的時間有限，或開發客戶時，必須有一段累積信任的時間，因此說一個代表性的故事把自己賣出去，就更顯重要了。

故事，就是凸顯差異性，把自己與他人最大的不同說出來。許多從事業務的朋友，都會說自己是關心客戶，服務很好。但是，是不是每個人都是這樣的呢？如果有一個代表自己的故事，那麼，你在任何場合的開發，是不是都可以順利的把自己介紹出去呢？甚至會有更多人的介紹呢？

故事發展的時間序
1. 彼此剛認識沒買保單
2. 探病在電梯裡買保險
3. 大華罹癌來電
4. 陪同看病：感嘆不能再享受美食畫面
5. 寫美食計畫書 (日領三萬元)
6. 跑了十多家醫院詢問專家爭取
7. 媽祖繞境陪同鑽轎底
8. 康復到各地享受美食
9. 感想與啟發

說故事時採用倒敘
1. 大華罹癌來電
2. 把反差先說出來 (領了 1400 萬)
3. 陪同看病：感嘆不能再享受美食畫面
4. 寫美食計畫書 (日領三萬元)
5. 跑了十多家醫院詢問專家爭取
6. 媽祖繞境陪同鑽轎底
7. 康復到各地享受美食
8. 彼此剛認識沒買保單
9. 探病在電梯裡買保險
10. 感想與啟發

我...還吃得到米其林五星級牛排嗎？

不安情緒迴盪在空氣裡...

15 年前的一個夏日午後，我接到好友大華的電話，他說，醫生說他得了食道癌，應該沒救了。當時，醫生主張，大華只剩下三個月的生命。沒想到，大華不僅前前後後共領取了一千四百多萬元的保險理賠金，現在，他還依然活躍在商場上，甚至積極參與公益活動。大華知道消息時，第一個想到的就是我。我在震驚之餘，在第一時間，立刻開車載他到榮總，並勸他住院治療，當時，不知為什麼，一路上不但一直遇到紅燈，還目睹了好幾場車禍，交通混亂，讓坐在車上的我們，也感到心慌意亂。好不容易到達榮總，下車走進一樓的景福園時，大華突然神情緊張地把我叫住：「等勒等勒，讓我先去吃一頓好的，我都不知道我走進去，以後能不能繼續享受美食了。」他一邊說、一邊用企求的眼神望著我，眉頭深鎖，靜默之間，我似乎還聽到他的嘆息。我拍著肩膀安慰他：「兄弟，我們路還很長呢，你一定會好的啦！等你好了，我再帶你去吃米其林五星級牛排！」醫院一樓的庭院裡，許多掛著點滴、坐著輪椅的病人面無表情的看著我們，不安的情緒迴盪在空氣裡。我看著大華恐懼的臉龐，內心感到不捨，同時也一直想著如何幫他重新站起。

該給大華的，一毛都不能少！

大華在第一次化療結束後，精神恢復得還不錯，180 公分的健壯身材依然生命力旺盛，只是，偶而會有情緒上的低潮，由於發病前幾個月，他向我買了高額醫療險，這些住院理賠除了都能讓他安心養病之外，還能支付家裡與店裡頭開銷。當時，我告訴他：「大華，你不要想太多啦，真的，你知道你現在的職務是什麼嗎？董事長！你現在是日領三萬元的董事長耶。」頓時，他被我逗得哈哈笑。有時，我還會他一起看美食節目，計畫著等他出院，要到哪裡吃好吃的，真誠地與他分享，鼓勵他要健健康康的出院，才能把所有的美食吃完。因為，我從事壽險業，大華自然而然把罹癌之後相關事情，都交給我處理。我深入研究大華其他公司的保單才發現，原來，癌末治療的併發症治療，有些公司是不賠的，為了這件事我特別跑了十多家醫院，問了好幾個專家，無非是要為他爭取到底，該給大華的，一毛都不能少！這加深了他對我的信任，我時常半夜接到他聲音沙啞的電話，有時是他親友的小孩出了狀況，需要聽聽我的意見，有時是醫療壽險上的討論。在他復健期間，我每一年都隨著老家附近的媽祖環島行腳，在八天七夜的行程中，我最開心的是，只要接近大華家，我都會打電話告訴大華：「耶！趕緊出來鑽媽祖轎底，讓媽祖保庇你回復健康身體。」大華也會乖乖地出門鑽轎底！

不斷升級的愛與關懷...

經過數十次化療後，大華依然不停地寫著他的美食地圖，甚至要遠征日本、韓國，不斷地以他的真實經歷鼓舞了許多人。回想第一次向大華談保險時，他告訴我，因為他的姑姑也在做保險，所以沒有談成保單。後來，我與他在病發前一年，一起去探訪一位癌症病人，我們離開時一起乘坐電梯，電梯從六樓下降到一樓時，他開口向我買了十個單位，隔年又加買了醫療險。他擁有了最完善的醫療規劃，即使因為幫親友作保，而被財產假扣押時，都不致於影響到他的家庭理財與事業規劃。我想談的是，很多人認為保險業務員是沒有社會地位的，可是，我卻認為「升級」就會有地位，當你把愛與關懷擺在前面時，你的價值自然就會被看見，保險的價值跟著發揮功能，這時身邊出現的每個人都是最好的兄弟與貴人，你說是嗎？

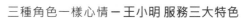

三種角色一樣心情－王小明 服務三大特色
1. 私人管家 全年 365 天守護在您身邊
2. 個人保險理財的終極保鑣
3. 職場與人生的最佳夥伴
聯絡電話：0900-000-000

大標

攝影師

小標

[圖片]

剪接師

小標

[圖片]

燈光師

小標

[圖片]

_____ 服務三大特色

1._____

2._____

3._____

聯絡電話：_____

說自己的故事．做自己的導演

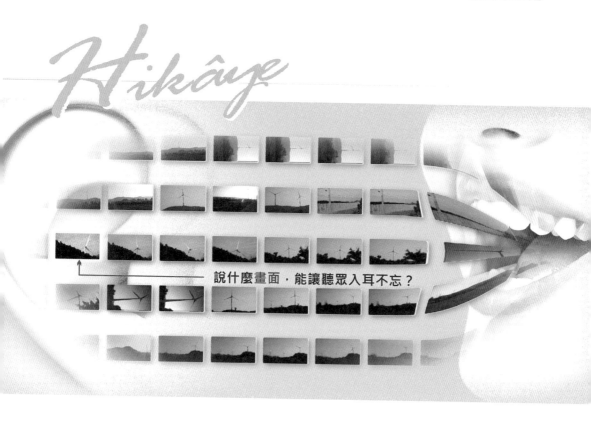

Hikâye

說什麼畫面，能讓聽眾入耳不忘？

要說好一個**故事**，

必須先把一個完整固定的 畫面 說好，

這麼一來，

你就會吸引聽眾想要與你互動，

因為聽眾想聽的，

也會是你想要講的。

你覺得呢？

You think?

說一個畫面，
如同切一顆洋蔥

看圖說故事，就對了！

2000 年炎熱七月某一天，我與家人在老家三合院裡，慶祝阿祖 90 歲生日。---------------------------------【事件】

我與大人們在大廳中圍繞在阿祖身邊，唱完生日快樂歌她彎腰吹蠟燭。---------------------------------【場景】

這時，我不小心把手放到蛋糕上，姑姑生氣大罵：「厚！這麼急做什麼？你皮在癢嗎？」---------------------【人物】

還好阿祖笑笑的說：「哎唷～不要緊，阿孫愛吃，等一下阿祖弄大塊一點蛋糕給你喔！」---------------------【對話】

剎那間，我聽到整間老房子的笑聲不斷，好像都快把屋頂掀開了。---------------------------------【氛圍】

其實，我只是要提醒阿祖要先許願，這樣子老天爺才會保佑她長命百歲！---------------------------------【感受】

說故事過程中，最重要的關鍵之一，就是要說出一個吸引人的「**情境**」或「**畫面**」，畫面是由什麼組成的呢？

上圖是我常在課堂上做的一個小演練，就是透過一張圖，來說出具體的情境。從右側看起來你會很明顯的感覺與發現，「**事件**」指的是用簡單的一句話把「**人、事、時、地、物**」都精準的帶出來，讓聽眾可以輕鬆「掌握」你想要談的內容。「**場景**」指的是環境、場地、景物的相關位置，把場景作個描述的動作，很像是你拿著一台文字「攝影機」，把事件當中的「**主要場景**」做一個簡單清晰的描述，讓聽眾可以馬上想像。「**人物**」則不要複雜化，盡量以不超過三個人為主，通常是以「**第一人稱**」來說故事，「主角」與「配角」之間的小互動，可以透過肢體、動作、表情的描述，讓聽眾能進入情節之中。

「**對話**」，有些人說故事時會把人物的對話描述得太多太雜，反而會讓聽眾混淆了，所以，精簡的說出故事中主角與配角當時印象最深刻的「**關鍵對話**」，會產生一種畫龍點睛的效果。「**氛圍**」則是描述主角配角以外的環境氣氛，是熱鬧、孤單、還是怪異？讓聽眾可以具體的想像到比較「**立體性**」的場景。「**感受**」則是說出主角的情緒與感覺，讓聽眾有機會與說故事的人產生情感上的認同與「連結」。為什麼一般人說故事會容易流於報導，主要是對於主角的情緒與感受，表達得過於僵硬或生冷，導致聽眾感受不到人物的「**溫度**」。

細膩的畫面？如何鋪陳？

我舉一個更完整的「畫面」，讓你感受與上個畫面有何不同？

一年多前的冬天，我們競標全球第一的「應材」專案，經常在半夜與老外視訊或 Skype 開會。有一天凌晨四點多，我與兩位軟體 RD 到了公司，才發現忘記拿鑰匙沒辦法進辦公室！--【事件】

席地而坐，躡手躡腳讓三台電腦開機上線，同時讓螢幕上微弱燈光，照亮彼此模糊臉龐。--------------------【場景】

一位睡眼惺忪的年輕 Rd，一邊打哈欠一邊伸懶腰。【人物】

用試探語氣說：「Dennis，我們可以打電話跟客戶說不要開會嗎？我們進不去，這裡又這麼暗。」我緊盯螢幕，深呼吸一口氣：「你要想想，客戶那邊有很多人參與，我們怎能讓客戶失望？」--【對話】

漆黑走廊上除了敲打鍵盤聲與急促呼吸聲，幾乎沒有半點聲響，黑暗與冷冽空氣籠罩四周。--------------------【氛圍】

唉！這個千萬專案我該這樣輕易放棄了嗎？-------【感受】

由外到內，連結你我他

也就是說，一個「**畫面**」的組成邏輯，像是「**剝洋蔥**」一樣，從最外層的事件，一層一層的慢慢往內，進入主角的內心世界上述的六個動作，就是比較好用的樓梯或工具。

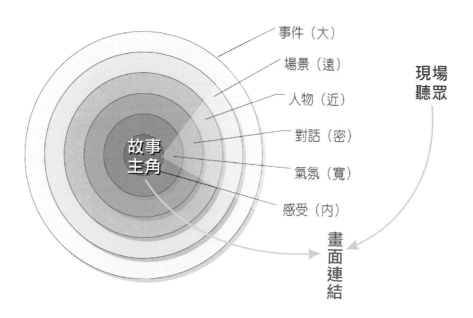

至於怎麼練習呢？我的建議是找出你最喜歡的「三張圖」，最好是有人物在裡頭的，透過上述的六個步驟，把畫面說出來，然後把圖拿開，找一個認識的人當成聽眾做練習，當你把這幾句話說出來的時候，聽眾有沒有感受到具體畫面，並想要進一步往下聽，這，就是最簡單畫面練習法。

聽眾想聽的，也會是你想要講的

今年三月份，我與同事到新店公務機關做例行清潔工作，想不到我竟然因此摔斷四顆門牙，至今八月份了，我都還在復健！

當天早上，我在偌大辦公區，專心的操作磨石子機器清潔地板，突然身後傳來一個低沉聲音：「陳主任，旁邊那個陽台，你們有洗嗎？」原來是客戶的聯絡窗口林小姐，她為了這個案子，假日還特地跑到公司加班。我趕緊回答她：「有啊有啊，如果你覺得有問題，等一下我再去清一次！」嘴裡說著，我的手也沒停，或許是為了說話，一時間閃神，我竟然重心不穩，整個身體往前傾，就這麼重重地摔在地上！轟然巨響之後，我發現自己就像網路上流行的「仆街」，臉朝下趴在地板上，磨石子機則瞬間往前爆衝過去，衝撞到辦公桌椅，然後倒落一旁，四腳朝天的空轉著。

小姐被眼前的景象嚇傻了，語氣驚恐的說：「你要不要緊？我叫119來好了！」我稍稍回神，覺得嘴巴麻麻的，地上則有一灘血，旁邊還有幾顆牙，應該是我牙齒斷了吧。我起身將牙齒撿起來，安慰一下伙伴的情緒，接著告訴林小姐：「沒關係，我自己去醫院就好了……」下樓招手叫了計程車，一個人到耕莘醫院治療。(故事未完待續)

以這個畫面為例，雖然沒有按照六個順序下來，但是，你還是會覺得有點雞皮疙瘩掉滿地，是嗎？因為一個好的畫面，就會

把聽眾拉進故事之中，並且期待後續的發展。

討論與分享　　　請從此圖說出一個吸引人的畫面

- 事件 :
- 場景 :
- 人物 :
- 對話 :
- 氛圍 :
- 感受 :

- 連結 :
  (運用以上故事，再加二句話連結至您的商品特性，做一個感性故事的廣告行銷)

擁抱反差 · 6 秒鐘變 6 分鐘

反差如同一道「亮光」，可以在一瞬間幫你先打開聽眾的眼睛與耳朵，讓他們準備「專心、聚焦」的聆聽你的故事。

擁抱反差...
6 秒鐘變 6 分鐘

分享改變，就這麼簡單？

Alice 是位保險業務代表，曾上過我的「說故事行銷」，也身體力行的在「說故事」。某天，我們因為說故事行銷進階課程的課前專訪，再次相遇。這時，她已經晉身為主管，開始帶著新人陪訪客戶。她告訴我，有一次她帶著新人阿鴻拜訪客戶，發現這位林媽媽好像不是很想要跟她聊天，她迅速換個角度，跟林媽媽說：「你別看這個阿鴻看起來很陽光、很活潑，其實，他五歲才會說話，還一度被醫生診斷為啞巴呢。」這句話果然引起了當時林媽媽的好奇，讓雙方的對話可以延續下去。

我當場稱讚她真是聰明，很有頂尖業務的雷達。她笑嘻嘻地說：「沒有啦！這都是運用老師所教的說故事行銷的『反差』法，用這樣的方法，讓林媽媽願意繼續跟我說話，後來，我們就順著這個話題，把阿鴻幾乎被放棄的童年、破碎的家庭、無法吃完年夜飯的心情，還有開過 9 次刀復健的過程，說一遍給她聽，後來很快就成交了。」我身旁總公司訓練部的小華，這時忍不住的問：「啊！難道你們都沒有談到商品嗎？」

「當然有啊！我們把商品放到談話的最後面去處理。」Alice
有所體悟的說：「不管是轉介紹客戶或陌生開發的新客戶，
他們對阿鴻這位新同仁的認識幾乎是零。我透過聊天談話，
引導客戶熟悉阿鴻生命中與眾不同的成長過程。」阿鴻的樂
觀開朗，對比於童年不幸，很快的引起客戶共鳴，感覺他是
一位對生命有熱情的青年，當然更願意以長輩提攜晚輩的心
情來接納他，也接納他所提的商品建議。

也就是說，Alice 運用反差先把阿鴻給賣出去了，阿鴻所要
賣的商品，自然就跟著賣出去了。

把酵母當 Baby 般照顧

反差，好像很難懂，但其實很多的廣告、文字，都運用了這
種手法。平面雜誌或者電視新聞節目主持人，在介紹名人成
功故事時，經常使用「**反差**」，吸引閱聽眾駐留 6 秒鐘，以
爭取到後面 6 分鐘說故事的時間，讓你在不知不覺中被影響
了。

另一個案例，我想你應該也不會陌生：「吳寶春，他國中畢
業，念的還是放牛班，當兵之前認識的中文字，不超過 500
個，為何他能一舉奪下世界麵包冠軍，成功的秘訣何在？」
幾句話，便將你的目光停留在此，並且還會繼續閱讀下去。

有一次，我到高雄與採訪一位企業客戶，結束後她送給我們

一行三個人，一人一份吳寶春麵包，每一個精緻包裝袋裡，都裝著一顆碩大的數百元冠軍麵包。

我們除了開心與感謝之外，也禮貌性的詢問：「他的麵包不是很難買嗎？聽說要排隊排很久咧？」客戶興奮地告訴我：「老師，我和他認識很久了，在他還沒有參加比賽之前，我們就有交情了。」接下來的兩分鐘，她說出了她眼中的吳寶春，其中也大量的運用了反差原則。

「在出國比賽之前，我們與他聚會時，他腰間經常掛著一罐酵母菌，並且還給酵母菌穿了一件特製的『衣服』，並用隨身攜帶溫度計隨時測量它，就怕過熱或過涼，影響了酵母菌使用效果。」哇賽！把酵母當 Baby 般在照顧，這些小細節，好像報導裡都沒有看過耶。

客戶篤定的告訴我：「在他還沒有出發之前，我就認為他會是世界冠軍。你知道嗎？他經常練習，不僅模擬比賽現場，甚至在 8 小時內做出 200 種麵包，你看他的眼神，真的會覺得麵包，真的就是他的全世界！」從吳寶春朋友口中說出來的故事，你會覺得，吳寶春彷彿真的就站在你面前。

反差，就是一盞聚光燈

一般來說，當你要進行一個故事陳述的時候，反差如同一道「**亮光**」，可以在一瞬間幫你先打開聽眾的眼睛與耳朵，讓

他們準備「專心、聚焦」的聆聽你的故事。

例如壽險代表與保戶聊天，談到：「醫生宣判我的客戶阿明只剩下 6 個月的生命，但是他卻活了 20 年，領了一千多萬元的保險金。」用時間上的差距，在第一時間打破彼此之間的距離，因為聽眾想要聽、業務也想說。

反差其實是一個「結果」的呈現，也就是說，當你對整個故事的來龍去脈有了完整了解之後，會比較容易從中找到最初與最終之間的「落差」。所以，反差絕對不是一時的創意，它需要對議題或故事內容，有深度的了解，才有可能創造出令人「驚豔」的用語。

建議你可以多看看媒體、網路、名人的談話，觀察這些談話或話語當中，是否常用到反差呢？這，已經成為他們的內在 DNA 了，說故事之前，不管是三分鐘故事或一分鐘故事，都可以運用這個小技巧，讓你在說故事之前的談話，更有吸引力！

人物反差 練習一

吳寶春　　　　　　　　　　　　　　　　　【人物】

他國中畢業　　　　　　　　　　　　　　　【過往】

念的還是放牛班　　　　　　　　　　　　　【更糟】

當兵之前認識的中文字不超過 500 個　　　【最糟】

為何他能一舉奪下世界麵包冠軍　　　　　　【現況】

他成功的秘訣何在？　　　　　　　　　　　【故事】

【找一個你認識的朋友同事老闆或媒體名人練習一下】

_____　【人物】

_____　【過往】

_____　【更糟】

_____　【最糟】

_____　【現況】

_____　【故事】

【 反差練習二 】

產生反差的手法還有許多，例如：

顏色： 飲用了這瓶愛肝之後，大部分人，在三年內人生從黑白變成彩色！為什麼？

對比： 這幅畫僅有一個手掌大小，卻在富比士的拍賣會上，拍出 3 千萬美金的價值...

時間： 他們專案小組 10 個人，為了孵出一顆蛋，花了將近一年時間找尋，故事是...

金錢： 當時他罹患鼻咽癌，醫生宣判他只剩下不到半年的生命了，沒想到阿明卻前後領取了一千四百多萬元保險理賠金，目前還依然活躍在國際性的社團活動裡。

我的反差：

比喻，就像是小叮噹的「**任意門**」，

可以帶領聽眾進入任何時空之中，引發聽眾共同的生命體驗...

善用小比喻
引導換主導

什麼！？他把森林背在身上...

善用比喻，會讓你從「引導」聽眾，進入「輔導」聽眾的位子，最後掌握「主導」的優勢！

有天，我在公眾演講場合，詢問台下聽眾「比喻」是什麼？一位老伯伯步履蹣跚的走到台前說：「我中風後經學生介紹用了一塊能量磁石，效果宏大。原本中風後，我每天晚上都要起床兩三次去尿尿，沒想到使用這塊磁石後，第二天就少了一半次數，第三天竟然只尿一次，第四天，我竟然『睡下去就沒有醒過來了』...」

不知道是伯伯的幽默還是口誤，聽眾全部笑成一團。

當我問他磁石帶給他什麼樣的感覺？他神來一筆地說：「老師，它讓我精神變得很好，彷彿身上背著一整片的森林，充滿朝氣！」

台下的多數聽眾，幾乎都被他神奇的比喻折服了。議論紛紛的想要探尋這塊磁石「那裡買？多少錢一個？」老伯伯用一個簡單的比喻影響了幾百個人的認知。

經過了好幾個月，多數人和我一樣，都忘記了磁石能量是多少？但是老伯伯的生動「比喻」，卻停留在腦袋裡，揮之不去。好的故事除了深刻有力的「畫面」之外，我想，最重要的就是讓人可以具體想像的「比喻」了。

比喻，如同小叮噹的任意門！

一位帶領數千位員工的餐飲界老闆，在媒體上說了一個小故事。他小學六年都拿到全勤獎，對他而言，全勤獎卻像一座「貞節牌坊」，為了得到它就不能隨便改嫁。

「小學六年我錯過了太多重要的事情，三年級時小阿姨結婚不能參加；阿公、阿嬤過世沒去送；村莊舉辦 60 年一次的作醮大拜拜，是多麼熱鬧的場面，我也未能恭逢其盛。」

他說這些事後回想令人遺憾萬分的事，六年來大約有十幾件。他卻為了一紙無聊的「貞節牌坊」全部錯過了，「這值得嗎？」他反問自己與聽眾。

所以，他公司現在的員工只要老婆生小孩、小孩畢業典禮、母姐會等，都可以事先請假，因為他體會到這些「人生的關鍵時刻，絕不可缺席！」他透比喻把經營理念說出來，讓人們明白他的企業是以「**人**」為本、以「**愛**」為先的幸福企業。

所以，比喻，就像是小叮噹的「任意門」，可以帶領聽眾進

入任何時空之中，引發聽眾共同的生命體驗。以下是把比喻運用在商品說明上的案例：

由金埃及棉與純絲混織的 XX 床單組 1 平方英吋如此微小的布料，是由 1200 條緯紗、經紗紡織而成。----【商品數字】

平均每條經緯紗直徑，僅有人類髮絲的一半。--【對比數字】

一般寢飾紗數大約是 200 條左右，600 條以上就被認定是頂級寢飾。-------------------------------------【比較數字】

1200 條紗織床單比嬰兒的肌膚還要幼滑，感覺就像是睡在雲端上。-------------------------------------【具體比喻】

難怪后瑪丹娜說：「睡在 XX 床組上，愛情變得更美好！」這樣子赤裸裸的讚美了！---------------------【名人見證】

你可以試著把商品上經常使用，而且是有意義的「數字」找出來，透過三個連續的說明堆疊，讓商品產生與眾不同的「差異化」，然後，加上你獨得的「比喻」或客戶見證（不見得是名人見證），就會讓商品栩栩如生了，不妨馬上試試！

休息片刻，

與大自然對話，

創造更多屬於自己的...

人生樂章

Take a Break . . .

討論與分享　　請運用數字加比喻來說商品故事

[商品圖]

● 商品數字：..
　基 本 規 格

● 對比數字：..
　對 照 實 物

● 比較數字：..
　競 爭 者 比 對

● 具體比喻：..
　實 際 想 像

● 名人見證：..
　名 言 一 句

Storytelling Marketing

說故事說出自己的人格特質，
是能夠在一流大學與世界上發揮影響力...

濃縮一句話，
反推一個好故事

用我的小手幫羊接生

有一陣子，我在企業授課，有好幾位年紀稍長的職業婦女跑來向我反映，是否有開設高中生說故事班？我很好奇的問為什麼會這樣問？她們說自己的小孩，由於要經過大學推甄過程，所以經常要面對主考官的面試，她們覺得說故事這件事好重要喔！

這讓我想起在舉辦課程的初期，一位 7 年級女生 Nancy 說故事考入哥倫比亞大學的故事。

Nancy 是一位背包客，23 歲之前已經旅行超過 40 多個國家，她說有次旺季到日本旅遊，民宿業者無預警漲了一倍房價，讓她計畫大亂，雖然試圖聯合當地華人遊客抗議，但還是無法改變結果。由於旅費不夠，她只能一個人流浪到鄉下。經過農場發現他們需要幫手，於是她自告奮勇去敲主人的門，在她告訴農場夫婦她的遭遇之後，他們決定收留她幾天，不過，前提是她必須工作換取食宿。

第二天，睡到了半夜，「扣！扣！扣！」她被一陣急忙的敲門聲吵醒，原來是農場夫妻希望她能起床幫忙接生小牛。她

一聽，差點沒從床上跌下來，農場主人說：「母牛難產，你是小女生，你的手比較小，可以伸進母牛的身體，把小牛給拉出來...」「萬一小牛拉不出來呢？」Nancy 不解的問，農場夫婦說那小牛就會有生命危險了。

Nancy 雖然又驚又怕，但還是硬著頭皮上陣了。經過了幾個小時的折騰，小牛終於順利誕生了，而且小牛乳名還是以 Nancy 的日文名字 GaGa 來命名。Nancy 說她在申請美國哥倫比亞大學研究所時，告訴面試官這個小故事，說完後補充說明：「旅行，讓我更努力更積極更勇敢！我發現世界上其實沒有去不了的城市，相對的也沒有解決不了的問題。因為在旅行時的突發事件，都要靠自己當下作危機處理，雖然這過程中會害怕，但腦子裡總會迸出：沒事的！沒有解決不了的事情！保持冷靜，我要逆中求生！」面試官微笑讚許她的獨一無二。她，透過小故事證明自己的人格特質，是能夠在一流大學與世界上發揮影響力的。當然，Nancy 也如願的考上她希望的大學了。

當你發自內心，想要分享時

目前為止，你會不會有一種感覺：「為什麼你會聽到這些有趣的精彩故事？你到底問了他們什麼問題呢？」我的經驗是，通常我視對方的工作內容（業務、企劃、管理），先說一個相關的小故事，引發對方的認同與共鳴，然後再去問以下

Storytelling Marketing

旅行，讓我更努力、更積極、更勇敢！
我發現世界上其實沒有去不了的城市，
相對的也 沒有解決不了的問題...

的問題：

「如果，明天蘋果日報（或商業週刊）要報導你，請問你會說什麼？」這代表明天將會有 60 萬個人透過這個故事來認識你，以及你的工作，因為版面有限，所以你只能談一個故事。

通常這個問題一出現，被訪問的人都會「愣」住，一下子千頭萬緒不知如何開始？這時，我都會補上一些說明：「這個故事與你現在的職務無關、薪水無關、年紀無關，當你在談這個故事的時候，你是發自內心的想要分享，在談的時候是快樂的、深刻的、難忘的、興奮的、驕傲的，甚至有一點點遺憾的都沒有關係。」

另外，因為這個故事放在媒體上，讀者有時一翻頁就過去了，所以，你會怎麼為這個故事下一個清楚的「標題」？讓他們可以停留下來。故事，要從可以「流傳」的角度來看，才會有「價值」！所以，我這個問題的邏輯，是從「聽眾」的角度，來「收斂」一個人的價值觀。

例如：剛才 Nancy 的例子，她的生命價值觀歸納起來應該是「勇敢」、「獨立」、「積極」等，但是，如果她用這幾個「形容詞」來回應主考官的問題，肯定會得到「空洞、不具體」的評語。

所以，我認為說故事行銷是一門「認識自己、表達自己」的

學問，如果不懂得運用這些問題來「**自我對話**」時，精彩的故事反而是沉澱在冰山底下，無法讓人們見識到你的光芒。如果，要成為一位稱職的講師，建議先從自己的故事整理開始，然後，用這個模式去撞擊出更多的故事。

給孩子帶著走的能力

另外，有一種問法，可能更簡單一點，例如：「請用一句話來形容你的公司，然後請針對這一句話，說出一個相關的故事或畫面」，這也是一種「**撞擊**」出故事的方法之一。

這個方法我運用在以下的案例之中。我曾經問一位幼稚園的經營者，你的幼稚園，如果用一句話來形容會是什麼？他告訴我是：「XX幼稚園--給孩子帶著走的能力！」為什麼？有沒有什麼具體的畫面可以說明？

他說，有一天班上孩子在討論羊的生活，大家你一言我一句、互不相讓。於是他帶著孩子去體驗羊的生活。在回程車上小明跟他說：「陳爸爸，羊的上面沒有牙齒耶！」我不確定，告訴他：「不會吧！你看到的是應該是小羊。」小明又說：「但是，長鬍子老羊上面也沒有牙齒啊？」孩子堅定口吻讓他不敢貿然回答。

回到學校他打電話請教牧場主人，證實羊的上顎果然沒有牙齒！他說他在岡山住了三十年，吃了三十年羊肉，直到今天

才知道羊的上顎沒有牙齒。孩子，真的幫他上了一課！

他說，大部分台灣學齡前孩子，背負著家長期待，讓英文、數學、國語課程佔據大部份的生活作息。童年，應該在遊戲中成長才對的，能有不同的方式，讓孩子覺得好玩，又讓家長不會擔心孩子學不到東西嗎？於是，他決定拋開市場機制，把童年還給孩子。

他讓孩子們每天早上練習跑步、爬桿、跳箱、騎腳踏車、草地運動、拍球等活動，並透過主題教學，讓孩子有充裕時間去觀察、討論、探索。「輸在起跑點又如何？重要的是贏在終點吧。」他用這個理念走出不一樣的路！

故事，由內而外，由下而上，**故事**，不說出來，就是放在一旁無人注意的石頭，整理出來，就是一顆閃閃發亮的**鑽石**！

討論與分享

● 用一句話來形容你自己？然後找到一個真實小故事來說明這一句話。

● 用一句話來形容你的公司？然後說一個真實小故事來說明這一句話。

Pasakojimas

說故事定標,找出你的故事!

不說是石頭，
說了變鑽石

精彩都是別人的？！

看到這裡，你也許會問：「陳老師，那麼多的精彩故事，可惜都是別人的。」我如何才能整裡好這麼棒的故事呢？根據我的經驗，你身上一定有很棒的故事，只是你不知道怎麼整理出來。我用以下問題讓你的感受更清晰。

■ 我不知道故事要談誰？(從人來帶出一件事)
　　□ 成交量最大的客戶？

　　□ 他會成為我最大的客戶最大的關鍵是，有一次 (事)

　　□ 印象最深刻的客戶？

　　□ 會這麼深刻，是因為有一次 (事) 我們在

　　□ 我的第一個客戶？

　　□ 他會跟我買，是因為我當時做了一件 (事)

說故事定標，挖掘好故事

另外，我提供以下方法，協助你找到屬於自己的故事⋯

方法一：故事啟發法

故事會激盪出更多故事。你看了前面多篇故事之後，你可以類推出代表自己或公司或商品的故事嗎？這代表你可以透過這個故事將自己最重視的「**核心價值**」展現出來，當「重要」的事情作對了，「緊急」的事情自然變少。因為，故事會吸引與你志同道合的人或資源，你就會慢慢感受到事半功倍的效果。

方法二：媒體引導法

蘋果日報名人版明天就要報導你了，請問你會說那個故事？這個問題，代表有 50 萬個不認識你的人，會透過這個故事來認識你（公司或商品），報紙的版面有限，聆聽者的時間也只有三分鐘左右，那麼，到底有那一個故事可以代表你呢？

方法三：自我定位法

行銷就是「**差異化**」，也就是我與別人有什麼不一樣？如果只能用一句話來形容你的商品或服務，請問這句話會是什麼？

當你寫下來之後，則問自己：「為什麼是這句話？」有沒有那一個難忘的「**畫面**」或「**故事**」可以說明這句話？

方法四：三大賣點法

自己或商品最重要的三個賣點是什麼？有沒有一個或三個真實的故事，可以來說明這三個賣點呢？

方法五：音樂引導法

音樂播放時，請回想一下你參與這份工作（或商品或組織）的點點滴滴，從剛才三分鐘音樂裡，請問你有「**聽**」到或「**看**」到什麼深刻的「**畫面**」或「**故事**」浮現上來嗎？演練：請根據你感受到的畫面，為它下一個標題：

方法六：圖像引導法

你可以找一張照片出來，談談這張照片裡的故事。

方法七：採訪引導法

A 咖是採訪並紀錄故事的人，可以學習到如何在最短時間，找到好故事的關鍵重點！

B 咖是說故事的人，透過演練可以凝聚自己的核心價值，讓自己的故事得到市場真實回饋！

兩人以合作方式進行，兩人一組才互相討論溝通減少個人盲點產生，一起找出動人好故事！

受訪者問題：您是怎麼開始現在的工作？(初衷與關鍵轉變過程)　要寫出畫面	標 題
訪談者紀錄： ● 事件： ● 場景： ● 人物： ● 對話： ● 氛圍： ● 感受：	

受訪者問題：最大挑戰是什麼？如何克服的過程？(說具體例子)　要寫出畫面	標 題
訪談者紀錄：	

	標　題
● 受訪者問題：產品與他人最大的不同？（可從三大賣點說起...） 　 **要寫出畫面**	
訪談者紀錄： ● 歷史： ● 特色： ● 產地： ● 研發： ● 製程： ● 得獎：	

	標　題
● 受訪者問題：有聽過客戶使用產品的感覺或畫面或故事？ 　 **要寫出畫面**	
訪談者紀錄：	

	標　題
● 受訪者問題：可不可以用一張照片，來比喻你現在的心情？ 　 **要寫出畫面**	

● 第一步驟：訪問有故事的人

● 第二步驟：整理五個有情節的畫面出來

● 第三步驟：決定故事寫作是順敘 / 倒敘 / 插敘（小組討論）

打破框架，用創意串聯豐富的世界！

Storytelling Marketing

說故事行銷

聽得懂、記得住、傳出去！

一分鐘故事的金字塔結構

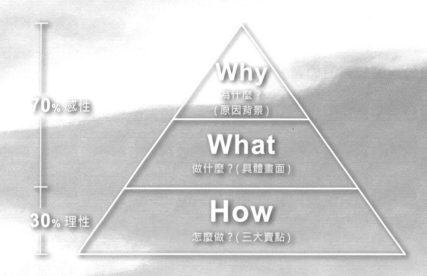

70% 感性

30% 理性

Why
為什麼？
（原因背景）

What
做什麼？（具體畫面）

How
怎麼做？（三大賣點）

一分鐘故事
怎麼說才會到位？

金字塔裡的黃金結構

一分鐘故事怎麼說？有什麼結構可以遵循呢？我最常用
Why？What？How？做一個基層架構。

首先，以 **Why** 來說，中文是「為什麼？」也就是原因、背景
的說明！

其次，以 **What** 為例，中文是「做什麼？」故事的主角做那
些事情？導致有了改變！

最後，以 **How** 呈現，中文是「如何做？」跳出故事陳述，明
確說出想要傳達的態度或訊息。

我曾經輔導一家製造業，他們的主要商品是輪椅。在蒐集並
且整理出完整的故事之後，我們協助他們公司把一篇上千字
的公益故事，濃縮到三百個字以內，做為他們公司日後行銷
上的參考：

一名身障者，全身幾乎不能動彈，每天只能靠著下巴，操縱
電動輪椅緩慢行動。有一天，他許下宏願，決定要駕駛電動
輪椅穿越美國東西岸，聽到的人都驚呼：「是真的嗎？不可
能吧？！」--- Why

代理商詢問總公司是否能幫他完成夢想時，我們立刻投入立誓成為他的靠山與後盾。連續十天，我們在烈日高照的鄉間道路上，揮汗如雨實際路測超過兩百公里以上，只為確保這台機器，能在他完成夢想的征途上，一路堅毅相隨。

五個月後，身障勇士「**走出**」一萬兩千多公里，成功穿越美國東西岸，完成了常人難以達成的目標，我們感到無比的驕傲與快樂。--- What

「不要以為活著就好，要活在更好的世界，更要有夢想。」跨越人生障礙，實現自由之夢，XX 電動輪椅，做你最堅實的雙腳！--- How

然後，我請平面設計師用一張「A4 大小」來設計版面，最下方預留十分之三的位置，當成商品照片與三大賣點的位置。上方十分之七的位置，則在右前方放置了好幾座青翠大山，左下角則是身障者駕駛電動輪椅，正往大山頭下公路直線前進的小照片，右下方則是置放以上的三百字故事。

湛藍天空上，則有一個橘黃色大標題橫亙在上：「**我們，做你堅實的雙腳！**」

真實·才會有力量

當我詢問學員：「如果，你有機會與時間，把這篇可能會放在

雜誌上的故事看完，請問你對這個企業會產生什麼感覺？」大部分的學員會說這個企業幫助弱勢，很有人文關懷的企業精神，也會看到熱情與希望，甚至有人說，覺得這個可以橫度美國的輪椅品質應該是很好。「如果，我的家人朋友需要，或者以後老了，這個品牌應該是我的首選之一。」現場好幾個人這麼告訴我。

從事金融工作的學員小麗急切的告訴我：「老師，我對這篇故事很有感覺，除了感受這個企業的人文關懷、公益精神、品質優異之外，我喜歡『不要以為活著就好，要活在更好的世界裡，更要有夢想』這句話，我覺得同樣的概念，可以用在金融銷售上。」耶...這倒是我第一次聽到的觀點，還蠻新奇的。

「例如，可以延伸成**『不要以為有投資就好了，要讓你的每一分錢都更靈活、更成功』**巴拉巴拉...之類的，這個故事啊，不僅激勵了身障者或者行動不便的老年人，還鼓舞了一般的正常人。」雖然，還要細修用語，但是現場的學員，幾乎都點頭同意她的看法。

這時，有個沙啞聲音從台下傳出：「老師...這個故事是真實的嗎？產生的過程是？」我斬釘截鐵的說：「當然，真實的故事才會有力量！」

雖然，這只是一個很小的故事與詢問測試，但是，可以預見的，它建立了企業的獨特形象，也創造了客戶的潛在需求，拉近了彼此之間的距離。甚至詮釋了「**一個好故事，勝過千萬廣告費**」的道理。

當我繼續詢問學員這是一篇「**品牌故事**」還是「**行銷故事**」？有一半的人會認為是品牌故事，另外一半的人認為是行銷故事。你認為呢？我想，不管它是歸屬那一類的故事，凡是擔任業務、企劃、主管職務的人都可以善用以上的故事來與客戶、經銷商、媒體，甚至是內部員工溝通。

🌑 **練習看圖** 說出一分鐘的小故事：

....

....

....

我們，
做你堅實的雙腳！

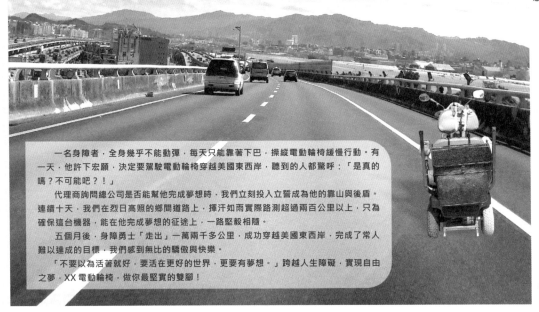

70% 感性

　　一名身障者，全身幾乎不能動彈，每天只能靠著下巴，操縱電動輪椅緩慢行動。有一天，他許下宏願，決定要駕駛電動輪椅穿越美國東西岸，聽到的人都驚呼：「是真的嗎？不可能吧？！」

　　代理商詢問總公司是否能幫他完成夢想時，我們立刻投入立誓成為他的靠山與後盾。連續十天，我們在烈日高照的鄉間道路上，揮汗如雨實際路測超過兩百公里以上，只為確保這台機器，能在他完成夢想的征途上，一路堅毅相隨。

　　五個月後，身障勇士「走出」一萬兩千多公里，成功穿越美國東西岸，完成了常人難以達成的目標，我們感到無比的驕傲與快樂。

　　「不要以為活著就好，要活在更好的世界，更要有夢想。」跨越人生障礙，實現自由之夢，XX 電動輪椅，做你最堅實的雙腳！

ＸＸＸ商品三大特色

1、高效能單顆450W馬達，獨立懸吊五段式避震系統，加強爬坡全安和舒適度。
2、全新嵌入式燈組設計，配備前後大燈、方向燈、行動更安全。
3、通過德國TUV國際安規及美國FDA認證，提供更高效率及安全之駕駛性。

30% 理性

聯絡電話：0900-000-000

MEGA

A4 小故事 DM
建立產品品牌

主標：

[底圖]
故事相關照片

[故事]
300~500 字

70%
感性

30%
理性

_____ 產品三大特色

[產品照]
1. _____
2. _____
3. _____
聯絡電話：_____

LOGO

好標題，創造閱讀 大跳躍！

好標題，
創造閱讀／聆聽大躍進！

雙倍關鍵字的火花撞擊

這是我常會遇到的一個問題？標題是來自於內容，很多人誤以為要先下了標題，再來寫故事，我想這是本末倒置。我分享如何下標題的經驗。通常，一篇故事寫完之後，我會重覆閱讀兩次，然後，把自己有感覺的關鍵字「**圈起來**」，這個關鍵字可能是具體的「**物件**」，也可能是一個「**狀態**」或「**形容詞**」都沒有關係。

你選擇的關鍵字也許會有兩組、三組或四組以上都沒有關係。然後，把我會把個人對這篇故事的感想，也用關鍵字寫下來，例如我感覺到故事裡主人翁的【**堅持**】，我就會寫下來堅持兩個字，或著感覺到【**創新**】..【**認真**】..【**在乎**】一個字、兩個字、三個字以上也都 ok。

然後，最有趣的就是以下這個部分了。我會將兩組關鍵字，作一個連連看的遊戲，看那一個關鍵字配上那一個關鍵字之後，會有閱讀上的「**跳躍感**」，也就是說，讀起來或聽起來覺得很「**跳**」、很「**新鮮**」。然後，這時我會把自己的角色暫時抽離一下，想像自己是聽眾或觀眾時，有沒有被這個「**標題**」吸引，有沒有很想要看這個故事的內容？

以第一篇故事為例，我圈起來的關鍵字是「車子停不進車庫」、「兩公分」、「五千萬」等，我的感想則是「感動」、「認真」、「負責任的業務員」、「完美售後服務才是銷售的開始」等感想，於是上下這兩行關鍵字一比對，連連看之後，我覺得「兩公分的感動」最能體現這個故事的精神，於是，標題就這麼樣生出來了。

我們可以馬上做個練習，挑選這本書裡的一篇故事，舉例：

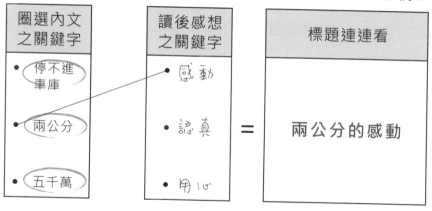

下標題的練習題一

一個鄉下來的小夥子到城裡百貨公司應徵銷售員。老闆問他：「你以前做過銷售員嗎？」小夥子回答：「我以前是村裡挨家挨戶推銷的小販子」老闆喜歡他的機靈，請他明天開始來上班。

一天的光陰對鄉下來的窮小子來說有點長了，甚至有些難熬。

但是，小夥子還是熬到了下午5點，差不多該下班了。老闆來巡視，問他說：「你今天做了幾筆買賣？」年輕人回答說一筆。老闆很吃驚：「只有一筆？我們這兒的售貨員一天基本上可以完成20到30筆生意呢！」老闆接著問：「你賣了多少錢？」年輕人回答：30萬美元，老闆目瞪口呆，半晌才回過神來問：「你是怎麼辦到的？」「是這樣的...」鄉下來的小夥子說：「一個男士進來買東西，我先賣給他一個小號魚鉤，然後中號的魚鉤，最後大號的魚鉤。接著，我賣給他小號魚線，中號魚線，最後是大號魚線。我問他上哪兒釣魚，他說海邊。我建議他買條船，所以我帶他到賣船專櫃，賣給他長20英尺有兩個發動機的遊艇。然後他說他的小汽車不可能拖得動這麼大的船。於是，我帶他去汽車銷售區，賣給他一輛BMW新款豪華型休旅車。」老闆退後兩步，幾乎難以置信：「一個顧客僅僅來買個魚鉤，你就能賣給他遊艇及休旅車？」「不是的...」小夥子回答：「他是來給妻子買衛生棉的。」我告訴他：「你的周末算是毀了，幹嘛不去釣魚呢？」

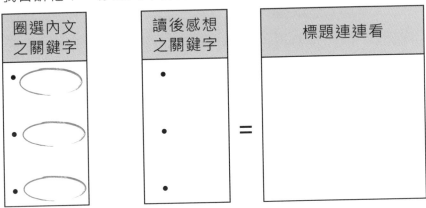

下標題的練習題二

阿港伯是我的老客戶，在地方上算是有頭有臉的人。有一年，他跟我買了輛新車，交車當天，他用新車載著我，奔馳在公路上。突然，我發現一輛小黃計程車，從我們後面歪歪斜斜地行駛過來，接著，往我們的右側靠近，緊接著「轟隆、轟隆」的擦撞聲連續在耳邊響起。瞬間，我們被逼到馬路左側，就快撞上分隔島了！我的雙腳、雙手下意識蜷縮一起，心想大概凶多吉少，真的有畫面從眼前閃過。所幸，阿港伯緊抓住方向盤，讓車子慢慢地滑行，只差一步就要跌入排水溝，真是有驚無險哪。我們下車發現車子外觀嚴重受創，但我們竟然毫髮無傷。

計程車司機停好車，趕緊過來賠不是，我心想，他鐵定得付上一大筆賠償金。這時阿港伯竟把手高高舉起，狠指著司機：「你，是不是打瞌睡？」司機滿臉尷尬，低著頭說：「對不起啦，這幾天生意比較好，想說多開一下，就能多賺一點，所以才會不小心打瞌睡，你車子損傷我會想辦法賠的。」阿港伯揮手說：「免賠啦！你，趕快找地方休息睡覺啦，這樣真的很危險。」司機一臉疑惑，阿港伯又大聲起來：「叫你去休息是沒聽到末？」

看著計程車揚長而去，我忍不住問阿港伯：「大哥，新車耶，被撞得這麼嚴重，你不要他賠償？」阿港伯拍拍我的肩：

「少年仔，第一，車速這麼快，我們被這麼攔腰撞到，所有人都沒事，表示我們很幸運，應該感恩上天。第二，我們車子有保險，就不要為難辛苦討生活的計程車司機。第三，經過這個意外，我更加知道，你們車子有多安全！安全與健康才是人生最重要的，你說是不是？」果然，有量就有福，阿港伯的事業越做越成功，最後成為中部地區最具影響力的建商之一。

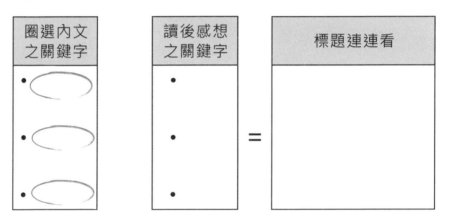

下標題的練習題三

「李老師擔任我們的總監，所以他常常需要調整修改旋律、編曲、音符，當他發現『總譜』上 A、B、C、D 四個段落時，A 段好像有點瑕疵需要修改時，他就拿起橡皮擦，搖搖晃晃的伸手要擦掉不滿意的音符，雖然他的手與樂譜之間的距離，只有短短的幾十公分，但卻花了將近一分鐘慢慢的移動過去，當他快要擦掉 A 段的旋律時，有時候是不小心橡皮擦滑落，有時候是不小心擦到了 B 段，怎麼辦呢？A 段的錯誤

還在，B 段的正確音符卻已經被他擦掉了，他只好將 ABCD
四個段落的旋律通通都擦掉，重新再創作一次...」這位企劃
的語調裡充滿著疼惜與不捨。他繼續說：「所以，李老師的
創作速度，比他還沒有生病之前還要慢了 10 倍以上，但是，
他卻用無比的生命毅力擊退病魔，完成了這套經典音樂，讓
我一起來聆聽這首他的生命創作...」

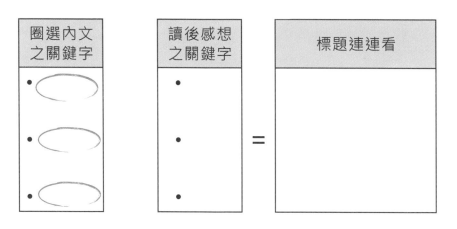

圈選內文 之關鍵字	讀後感想 之關鍵字		標題連連看
• ⬭	•		
• ⬭	•	=	
• ⬭	•		

堅持有機栽種‧創造自然健康！

青農

健康棗
的幕後故事

拆解刪除 + 突顯放大

因緣際會，我曾接受某單位的邀請，幫青年「**農民**」上課。
之所以稱為農民，是因為他們從事的工作是農業，實際上，
他們很多都曾是上班族，因此，對於行銷自己的農產作物，
很有自己的想法，也想改善目前的行銷管道。

那天，從事有機金棗栽培的學員意評，下課之後陪我走到停
車場，我們聊到了當天的課程，需要改善的一些細節，我很
謝謝他給我的建議，同時也稍微談起他自己的故事。其實，
在課堂上的練習，我就發現他的商品和其他同類型的商品，
有很棒的差異化，可惜沒有好好地「**放大**」凸顯他的特色，
讓我留下深刻的印象。這短短的五分鐘路程，開啟了我和意
評之間的故事。

隔幾天，我看到意評繳交的 A4 故事，正如我所想的，他寫
出的故事中規中矩，就像大家做的一樣：把基本資料放在最
上方，然後敘述父親經營農場的背景，接著帶入自己工作經
驗與夢想，最後提到種植棗子的 45 度斜坡及刻苦回憶。這
樣的敘述，沒有不對或是不好，不過，不吸引人。

想起意評談到金棗時，閃閃發亮的眼神，若是我「**放過他**」就太可惜了。於是，我打了一通電話給他，經過幾分鐘溝通，我蒐集到更完整的元素。最後，我決定把他朋友和他一起除草的這個畫面拉出來放在第一段，藉著朋友與他的【對話】，將 45 度斜坡除草的困難，具體呈現出來，而原本第一段農場成立的原因背景，刻意刪減，並且放到最後一個段落。

為什麼要這樣調整呢？因為潛在客戶並不夠認識你，對你的歷史其實並不是那麼在意，當他不認同你的時候，更別提他會想要知道你的產品。要想讓他在短短幾分鐘內，對你產生興趣，開門見山把最有力量【或最有趣或最震撼或最懸疑】的畫面往前擺，就是我們在故事行銷裡，最重要的工作之一。讓這個有情感的畫面，可以短暫停留在讀者的腦海或心中，逐步被圖文引導而往下繼續閱讀。

一開始，就要把【人】放進故事裡

開頭的內容，如果不吸引人，那麼讀者或聽眾就會想要跳開！在手機上，也許只要 0.5 秒，就會想要滑動頁面；一張 A4 彩色 DM，閱讀 5 秒後，不吸引人眼球也會自動跳開。我的考量是這樣子的，和意評一樣返鄉的上班族多不多？與他一樣承接家族事業的人多不多？這些都不是唯一或獨一的賣點，只有堅持 45 度山坡種植金棗這件事，會讓人覺得與眾不同。因此，我的工作就是讓這件「**獨一無二**」的事情，在畫面上及文字

上一起「**定格**」！可是，如果只是 45 度的斜坡，似乎還是不夠有「**難**」，但意評說，就算他願意一天付 2500 元工資，還請不到工人來幫忙，這，就讓人覺得「**難**」了。

【第一】人稱說故事·才是王道

除了吸引人的畫面，第一人稱的故事敘述，也是一個比較容易親近陌生人的手法。在敘述時，一定會有情感或情緒上的表達與呈現，若是以第一人稱敘述，更能直接傳達到聽眾或觀眾的心中。我常開玩笑的形容，「**說故事專家**」的工作，就是要把內容移植到對方的腦袋瓜裡，甚至把手伸進客戶的心臟裡，如果採用第三人稱的報導式陳述，比較無法表現主角的情感與情緒，而這一點就是說故事行銷，與其他報導式行銷最大的不同，如果沒有主角個人的感覺與情緒，就會變成一般的媒體行銷，影響他人的能量與效果，自然會較為降低。

圖片·要與第一段畫面【絕搭】

當我們決定了主訴求畫面之後，一定要在視覺上強力的表現出來！當我告訴意評之後，他隔天就穿著全副武裝的除草衣，上場除草。並且請他的朋友幫忙拍照，用 Line 傳來了幾張圖時，我馬上請他調整姿勢。然後，意評又寄來了一些電子媒體的報導，以及他自己空拍農場的影片。於是，我讓設計把果蒂與樹葉一同採摘的細節放大，讓讀者可以明白如此做的原因，是要保留延長賞味期。另外，也把宜蘭當地生態照放上，可以

讓讀者感受到不只是來採摘金棗，還可以遊玩周邊的旅遊景點！三張小照片，搭配一句話說明，一樣有說故事的功能。

標題・要凸顯主角的【情感】

下標題，就是運用連連看原理。意評的 45 度斜坡，顯然就是他最吸引人的畫面。這讓人想到，這樣困難的工作，為什麼要繼續堅持？於是，標題結合內容，吸引人的目光，產生對意評的佩服和疑問，再來帶出父親創立過程的歷史、意評的初衷 (遊子返鄉)。在第二小段也放了一個小標題，目的也是讓讀者比較好閱讀，可以順著引導往下看內容。

理念・永遠擺在【最後】一句

適度談到自己的理念或夢想，是很棒的。但是，在有限的時間與版面裡，會變成一種奢侈或多餘。我們盡量把可以與讀者拉近距離或培養感情的內容放進來，因為，讀者會因為有同樣的感受，進而認同與共鳴，也才會誘發讀者採取行動，帶來故事行銷的效益。

當我告訴意評要把他的故事放在書裡頭，當成案例研討時，他還蠻開心的。一來，我們會有更多像他這樣理性的自營商，可以透過這次的故事改裝解析，讓大家少走一些冤枉路，二來，他的認真與投入，也會吸引到更多志同道合的夥伴。

我發現，除了前面章節提到一分鐘故事與三分鐘故事之外，

這一篇兩分鐘的故事結構，也是蠻適合的溝通工具。除了可以當成口語溝通的腳本之外，也可以當成網路行銷的素材，甚至也可以印刷出來，讓故事被看見、被傳遞！

故事免費健檢活動：歡迎將您的故事寄回給我們，主旨請打**故事健檢**，我們將免費給予您實際的回饋意見！

棗健康有機農場

農場主人：林意評
江湖人稱：林一瓶（台）
專　　職：農業種植、農村觀光導覽
種植種類：有機米棗稻米. 魚茭共生(茭白筍).香水蓮

電　　話：0933748080
地　　址：宜蘭縣三星鄉集慶村自強新邨 62-15 號
E-mail：epin1980@gmail.com
驗證單位：慈心有機驗證股份有限公司

棗健康成立緣起

意評的父親林永爍，在民國 98 年，與行健村張美阿嬤一同創辦**行健有機村**，推廣有機對土地和環境友善的理念，開始積極參與有機村的設立。退休之後，他買下位於宜蘭大同鄉，一座 1.1 公頃的金棗園，專心從事有機農耕。因為用有機栽培，不噴灑農藥以及不施加任何的化學肥料，因此農場裡常常可以發現蝴蝶、蜜蜂、小松鼠、五色鳥，大冠鷲也經常遨翔於果園上空，擁有相當多樣化且吸引人的生態環境。

意評的夢想

　　「因為喜歡大自然，所以有時候在除草，都會忍不住遊手好閒，拿起手上的相機，拍攝農場裡的各種生態，還會忍不住抓蟲來養，根本是去農場裡玩的。」-林意評

從小就在宜蘭三星長大的意評，生性喜歡戶外運動、大自然。退伍後因緣際會，擔任南非史瓦濟南總廠長特助，回國後在桃園機場上班，從事生鮮水果進出口報關業務，但後來久坐辦公室，不習慣拘束的生活，加上父母老邁無法繼續耕種，於是毅然決然，辭掉機場百萬年薪工作，決定返鄉承接父母家業，並帶入年輕人的思維，改變農場的行銷策略。意評最大的夢想，就是讓國人瞭解友善環境對人體、土地與心靈健康的重要，發展有機，避免被過多的化學肥料與農藥影響其生態環境，也是為了保存故鄉的美麗田園，並呈現給每一位認同有機理念與想要認識有機是什麼的顧客。

45 度堅持　只為了 1/5 收成
宜蘭青年農民(一瓶)在海拔 365 公尺.仰角 45 度斜坡上.努力工作.他花費別人 5 倍時間在管理雜草.他知道在人生路上沒有辦法一路平順.就算跌倒衣來爬起來繼續努力工作.他想起來 9 年前利用假日在家幫忙採收.採收 6 大袋麻布袋金棗只賣出 3 百多元日子.

45度的堅持

　　我回來經營家族農場好幾年了，從一個肢體混沌得上班族，幾乎變成了一個全能蜘蛛人。一個旭日初昇的早晨，我的好朋友阿明要來山上幫我除草。沒想到，他一看到海拔 365 公尺的陡峭山坡，立刻斬釘截鐵告訴我：「一瓶，我完全幫不上你的忙，這超過 45 度山坡，我根本站都站不住啊！」我笑笑地跟他說：「沒關係，你看，我已經當習慣螃蟹人了。」他看著我全身上下包裹密不透風，雙腳抓地，開闊 180 度，「趴」在山坡上，一寸一寸地把五分地 (1200 坪) 慢慢整理乾淨，直呼不可思議！

　　「這工作太危險了吧，為什麼要堅持在陡峭山坡種植棗子？」面對他的質疑，我只能笑笑回答：「我的棗子們喜歡既清爽又濕潤的土壤，這樣的山坡，坡度陡，排水性較好，產出的果實甜度最適中。」雖然，這趟鋤草旅程得花上我一個半月時間，但為了夢想，就算被亂石絆倒，我一樣會繼續攀爬除草。

從 6 大麻袋到 100 多種動物生態 ...

　　我從小就在宜蘭三星長大，退伍後擔任南非史瓦濟南總廠長特助，回國後在桃園機場上班，從事報關業務。但我不習慣拘束生活，加上父母老邁無法繼續耕種，於是毅然辭掉百萬年薪工作，返鄉承接家業。

　　9 年前，我們採收 6 大袋麻布袋的金棗，只賣出了 3 百多元。為了堅持有機，我們的果樹死掉比例高，平均 500 棵棗樹，會殃滅 100 多株。甚至為了克服天牛，我曾經包過樹頭，也曾故意讓草長長一點，再花兩倍的時間慢慢整理。點點滴滴地投入，經過 10 年的耕耘，現在，我們產區在天氣晴朗時，至少都會有兩隻老鷹盤旋，山豬、蜜蜂窩、大冠鷲、小松鼠、五色鳥等 100 多種動植物與昆蟲生態，在此平衡生長！

　　我最大的夢想，是讓國人瞭解友善環境對人體、土地與健康的重要，保存故鄉的美麗田園。也將最好的果實，呈現給每一位認同有機理念與想要認識有機是什麼的顧客。

1. 在 45 度斜坡呵護金棗　　2. 蒂頭與葉子同時採收　　3. 農村觀光完整生態

棗健康有機農場主人：林意評　　電話：0933-748-080
地址：宜蘭縣三星鄉集慶村自強新邨 62-15 號　　E-mail：epin1980@gmail.com

故事採訪編輯企劃製作請洽徐小姐 E-amil：cch09062002@yahoo.com.tw

振頤軒 不是老店，卻有著和老店般的**堅持和愛**...

我們前身，是歐美名牌指定的外銷成衣廠，1970 年代，我們從兩張桌子開始，接單做生意。2010 年 10 月，我們與 80 多位員工一起，把我們在台灣的成衣廠結束。這些老員工，平均 50 多歲，很多人是從我們起家時，就和我們在一起，歷經台灣成衣全盛時期，每個人都靠著這份工作把家撐著、把孩子養大，付出二十多年的青春。成衣廠就是她們第二個家。誰也想不到有一天會離開這裡！

時代變遷，成衣業的榮景不再，很多工廠外移，我們仍是堅持苦撐，因為我們認為，台灣有這批盡心付出的員工，我們不該就此放棄。但，終究，還是敵不過大環境的考驗，我們決定轉型。最後一天，每個人臉上掛著淚，所有想說的話哽在喉嚨，一句都說不出來，盡是依依不捨的氣氛。感傷之餘，大家誠心祝福：「你們一定要做起來，這樣我們就可以回『家』了。」這句話，讓我們充滿信心重新出發。

因為對台灣這片土地的愛，也對這片土地的濃濃人情味充滿感謝，我們的點心，百分之百嚴選天然食材，百分之百台灣製造。我們是以為家人製作點心為出發點，所以，不添加多餘調味料，保留食物最天然的味道，低油低糖，吃出美味和健康，也吃出我們對這個故鄉的懷念和愛。

有人說，這樣的努力和決心，一點都不像追求新鮮感的現代人。對我們來說，追求新鮮感不是最重要的，重要的是，我們堅持，要做出最好吃的點心，讓您品嚐最真實的味道。這，是我們的承諾與責任！

說什麼故事
吸引電子媒體報導？

一群員工，試吃到想吐

一個忙碌的午後，我接到振頤軒莊先生的來電，電話中，他顯得興奮又緊張：「徐小姐，你幫我們寫的那篇品牌故事，被記者看到，他們很有興趣，這兩天要來採訪我們了！」聽到這個消息，我也變得興奮起來，這表示，我所採訪的那篇故事，真的可以感動人！

第一次到振頤軒，我其實是有著困惑的。當時，他們已經開始經營網路行銷，也積極參展，感覺上應該是家稍具規模的食品公司。但我們循著地址，順著蜿蜒小路轉入，眼前所看到的，根本不是做吃的嘛，裸露的水泥柱，矗立在灰暗的門口，毫無裝潢可言，不僅沒有飄出食物的香氣，簡直就是廢棄的工廠。莊先生領我們往辦公室走去，一樓二樓三樓，偌大的空間，我只見到幾位工作人員，一兩個烤箱，而辦公室內僅有兩位小姐，感覺真有點淒涼，我不禁想打退堂鼓了。

之後見到振頤軒的總經理和主廚，了解他們想要談的方向，無非就是想以他們最受歡迎的芋泥做主要招牌，讓多一點消費者可以了解他們的理念。我們對談了許久，從芋泥的原料、製作方式，到主廚的資歷、想法，希望能為這個故事找到

一個方向。

「之前，我是用家用小烤箱開始做甜點給員工吃，試了好幾次，員工很多都吃到吐了。」「其實，我是為了我公公，才有這個芋泥的配方，他糖尿病，不能吃太甜。」「我很愛吃啦，所以也很喜歡自己手做。」總經理很健談，一邊談，一邊還要我們試吃，我也拚了命地吃，周圍的陰暗，似乎漸漸散開。在美味的甜點和總經理的笑聲催化下，我可以感受到，她對人的熱情和愛。

回去之後，我先以芋泥為主軸，詳細敘述挑選原料，從芋頭、糖、牛奶，無一不是經過嚴格把關，研發時大家試吃的情景，期待用文字寫出芋泥的美味。幾天後，莊先生說：「徐小姐，你寫得很好，沒錯，我們的芋泥就是這樣，只是，同仁們都覺得沒有感覺，除了是吃到吐那一段，大家覺得好笑之外，好像不如我們期待。」乀，這也超出我的期待了。好，沒關係，我再用另一個角度切入。

第二次，我嘗試用主廚的角度，為什麼會有這個芋泥的配方？裡頭其實是有對老人家的一份孝心。當然，不免俗地，仍是有提到芋泥的原料、製作。交稿後不多久，莊先生打來了：「徐小姐，你真的寫得很好，只是，這還不是我們要的。」那，你們要的是什麼？莊先生說，他們自己也不是太清楚，只是覺得要能感動人，這次的還是不夠感動。

故事比甜點更令人回味...

說實話，我遇到瓶頸了。食物不提到好吃，好像就怪怪的，但是，這個好吃要能感動人，真的很難。沉默了幾天，我突然接到總經理的電話：「徐小姐，這樣好了，那天你來，你也有看到，我們其實本來不是做吃的，之前也沒有和你談到，今天我把這個跟你說說，你看能不能用。」原來，總經理之前是做成衣外銷的，做了三、四十多年的成衣，礙於現實，只能將工廠外移，而我看到類似廢棄工廠的場景，就是之前的成衣廠。這段故事比甜點更令人回味哪。

我永遠記得，電話中，總經理講到解散工廠那一刻的畫面，雖然是用嘴巴講的，但我腦海中卻可以浮現出當時的畫面。總經理說：「一想到這，我就會想，我一定會想辦法，讓這些員工再回來我這工作。」對員工的這份心情，讓我寫下了：「**振頤軒**不是老店，卻有著和老店一般的堅持和愛。」我認為，儘管產業不同，但對人的心，一定是一樣的。

我決定，用這個故事下去做連接，將他們對這片土地的感情表達出來，對於食品的部份，就輕輕帶過，期待消費者看到的是他們的「**心**」，才能相信他們所做的東西是實在、好吃的。交稿之後，我很忐忑，畢竟哪有宣傳食品，卻不講東西多好吃的道理！想不到不到一天的時間，就接到莊先生的電話：「徐小姐，這次真的很棒，大家都很感動，甚至有老員

工都哭了。」這個故事，他們把它放在旗艦店的一面牆上，讓所有人都感受他們的用心。

果然，連媒體都看到了。我想，不是因為文字的優美吸引到媒體，而是這個真實的故事，真的令人動容。我們其實不太會寫出煽情的文字，因為，真實是最能感動人的重要元素。

由這個初心出發，加上經營者的努力，如今的振頤軒，門市拓展快速，甚至到百貨公司設櫃，不僅如此，他們還獲得新北市十大伴手禮的雙料冠軍，令我們與有榮焉。

故事行銷 6 個企業經典案例免費分享：歡迎 E-mail 給靜屏索取～

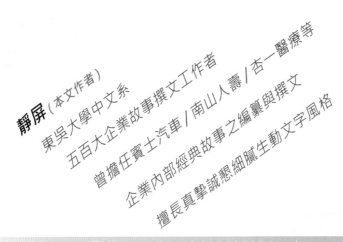

靜屏 (本文作者)
東吳大學中文系
五百大企業故事撰文工作者
曾擔任賓士汽車 / 南山人壽 / 杏一醫療等
企業內部經典故事之編纂與撰文
擅長真摯誠懇細膩生動文字風格

聯絡 E-mail：cch09062002@yahoo.com.tw

HUMANISM

談概念，
不等於說故事！

夏天的台灣，白天豔陽高照，街上的行人，總是撐把陽傘遮住烈日；一到下午，天氣說變就變，早上撐的陽傘，瞬間就變成好用的雨傘。

台灣的股市，就像台灣豔烈的夏天，多頭行情不斷增溫，突然空頭襲擊，彷彿午後瞬間下起了雷陣雨，來得又急又凶。

XX 收益基金，就像一把晴、雨兩用的晴雨傘，讓您在猶如夏日高溫的多頭股市，不必擔心遇上午後雷陣雨的空頭行情，保護您的資產不致泡湯! 一把好用的陽雨傘，讓您遮陽、避雨兩相宜；

一檔多空操作的 XX，讓您在股市多空攻守自如，享受基金「趨漲避跌」雙甜頭！

這是有一年八月份，我在金融基金會上課，一位同學的課中作業。我把這篇「晴雨傘」影印給其他同學現場閱讀，請學員「把自己當成客戶」，給予真實的意見與回饋。

於是，大家七嘴八舌討論了起來，大部分的人對於「晴雨傘

」這個比喻，感覺是有畫面的，有人對「雙甜頭」這個用語很有感覺，但是，如果要引起共鳴，似乎需要更多著力點，為什麼呢？

於是，我請這位任職投信的 Alex 到講台上來，詢問他這個「故事」要說的對象是誰？目的是什麼？請他用三分鐘時間來說明，並且接受台下「模擬客戶」的提問。

過程中，他在白板劃了兩個曲線圖，然後用「自曝險」（我沒記錯的話）與「期貨指數」的概念來解釋這個商品的設計原理，一堆陌生的數字與專業用語，快速的掃射了我們，在場一半是從事金融行業，另一半是從事其他行業，聽到最後，兩個領域的人似乎都不怎麼買單，頻頻尖銳放砲，場面眼看就要失控了。

我趕緊請他解釋「趨漲避跌」這個概念怎麼來的？有沒有「人」的故事在裡面呢？另一位與他任職在同一公司的副理，跳出來讚聲說：「老師，有！」。這個概念是從他們總經理那裡來的，他們總經理是金融界老將，原本已經規劃退休了，但是基於「保護」投資大眾的立場，再次重出江湖。

我說：「很好！如果我是潛在客戶，我會對於總經理為什麼要重出江湖？要做什麼？怎麼做會有興趣。」把內容挖掘、整理好，相信會是一篇具有「黃金含量」的故事。

窮人銀行的故事在那裡？

好不容易喘了一口氣，一位任職於證券業的 Lydia，卻對他們總經理的金融專業背景，有不一樣的看法與意見，我只能打哈哈：「說故事說出自己的差異化！只要他們能說出商品的不同，應該會影響到一群特定的人。」大家點頭稱是。

沒想到，評完他人故事之後，Lydia 自己也忍不住地說：「老師，我們明天有個商品要出去銷售，我可不可以也做個三分鐘練習，你們當成是客戶聽聽看。」台下的聽眾很有默契的相視微笑，彷彿鯊魚要獵殺獵物前的悠游與自在。

於是，她告訴我們新興國家基金與債券，是一個趨勢與機會，他們公司最近主打的投資標的是「ESG」。是針對「環境保護」、「社會責任」、「公司治理」三個重點來慎選標的，這個部分聽眾都同意，接著她繼續說：「像印度、墨西哥等新興國家最賺錢的銀行，都是借錢給窮人，投資窮人銀行是一門最好的生意...所以，這檔基金都是以 ESG 概念出發，希望能吸引到投資大眾的目光。」

我照例詢問在場學員：「假設你是客戶，聽完 Lydia 簡報後，還想知道什麼？」「獲利高嗎？會穩賺不賠嗎？」不確定是不是幽默感作祟，還是有人問了一些想也知道不會有答案的問題。輪到我總結，我告訴她窮人銀行的故事，絕對可以發展與發揮下去。

因為，這裡頭一定有一個窮人銀行的「發明人」，我會很想知道他為什麼會發明這個市場？他的初衷是什麼？有沒有一個「受惠者」的個案，例如：這位在市場營生的低收入戶 Wuma，如何曾經受到窮人銀行的信賴與幫助，最後讓自己的小孩唸大學、家庭生活改善等。

什麼可以 Touch 客戶的心？

應該會讓投資大眾感受到投資「**窮人銀行**」於其他基金的差異化，或許會有一種做善事的感覺在裡頭，也說不定！

如此一來，不僅避開了「**理性生硬**」的專有名詞，反而是用真實的情境、情感、情緒來打動客戶的心，銷售或溝通，就會更有效率。同時，客戶買的會是一個「**助人的價值觀**」而不是一個冰冷的「**基金數字**」了。

「可是，老師，你知道嗎？我跟客戶談個五分鐘，他會不會下單，我大概就有個底了。」Lydia 不甘示弱的把實戰經驗拿出來分享。

「當然，你原來的銷售與簡報方式，都是很棒的，也絕對可以保留的。可是我要提醒你的是，當客戶一轉身，你認為他會留下什麼在腦海？是報酬率？還是窮人銀行的故事，比較容易留下來呢？」我提醒她報酬率是一個數字，永遠有比這個數字更高的競爭商品會出現，只有「**獨一無二**」的故事，

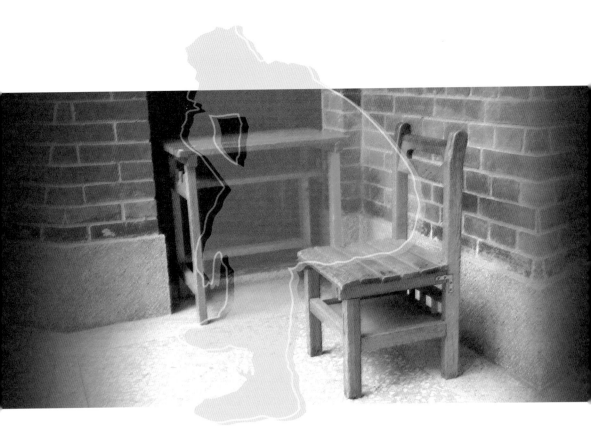

才會駐足下來。

因此，除了經常性的告訴客戶另一個客戶「**從谷底到高峰**」的真實投資故事之外，還是可以用商品背後的小故事，幫自己銷售加一點分。

「晴雨傘」、「趨漲避跌」、「ESG」、「窮人銀行」這些都只是停留在「概念」的東西，客戶比較不會因為一個「畫面」或者「比喻」而被馬上改變，最重要的是要有「畫面」、「人物」、「情節」、「因果」、「影響」在談話裡頭，才有可能會觸動人心，進而引發認同與成交。

當你不知道是不是一個故事的時候，最簡單的判斷方法就是問自己：「這個故事裡，有沒有人在裡頭？」如果有，那麼，這肯定是一個完整度會較高的故事，如果沒有人的話，那麼，這個故事要引起多大、多深、多廣的迴響，可能難度就很高了！

討 論 與 分 享

● 概念與故事有何不同？我常說的是概念還是故事？

......

● 如何為概念找故事？

......

陳日新 **說故事行銷**

零距離、生活化、趣味性，
從這三個賣點，拼出好故事⋯

從三個賣點，
拼出好故事！

余光中和李白，是同一個時代的人？！

有一年，我幫一家文教出版業 30 多位企劃人員上課。課程進行之前，我和商品企劃 Vivian 做了一些溝通，針對其中一項商品，希望整理出一篇可以對外行銷溝通的故事。

了解商品製作過程後，我問 Vivian：「你在參與製作 XX 系列的兩年多時間，中間一定有很多的酸、甜、苦、辣。經歷數十個作家採訪與拍攝之後，有沒有那一個畫面，你印象蠻深刻的？」

起初，Vivian 說了幾個不是很準確的畫面之後，她突然說：「老師，我發現現在的小孩，都把余光中當成李白那個年代的人了。」「啊！怎麼說？可以這句話發生的情況『還原』嗎？」我直覺這裡會有一個有趣的畫面，果然，我們找到了這個商品中，能夠引人注目的畫面。

那天，Vivian 與工作團隊一大早就驅車南下彰化，準備採訪一位本土重量級作家。當拍攝告一個段落時，同行的蕭蕭老師突然起身，對著老房裡舊照片有感而發的說：「唉！現在的小朋友都已經弄不清楚誰是誰？」什麼意思？

看到我們狐疑的臉，他繼續補充：「我一個好朋友的小孩正在念國中，你知道嗎？前幾天他竟然問我，余光中、張曉風和唐朝詩人李白、杜甫是否為同一個年代的人？」「天呀，不會吧！那你怎麼回答？」現場一群人七嘴八舌的探討，到底出了什麼問題？

原來，作家與孩子的第一次接觸都在教科書上，往往都是兩公分大小的黑白證件照，擺放的位置與復古的氛圍，就跟其他古人畫像沒什麼兩樣，難怪會被認為是同一年代的人，不但吸引不了孩子們興趣，更別說提升他們對寫作的熱情。公司長期經營教育出版，發現了這個問題，於是希望透過這個新製作的商品，讓孩子重新認識本土作家。

簡單，帶來智慧與美麗

於是，我繼續問：「如果這個商品，只能有三個賣點，你會挑那三個出來說。」Vivian 緩緩地說出零距離、生活化、趣味性等三個方向。於是，我繼續問：「有沒有三個畫面或故事，可以呈現這三個賣點呢？」於是，下面三個簡單的事件，就被我慢慢整理出來了。

第一：零距離的臨場感

我們有個漁夫作家 XXX，他是海洋文學的翹楚，為了深入他的創作環境，我們跟著他出海乘風破浪去「**賞鯨**」，在一望無際的大海裡，感受生命力的連結與交會。

我們目的是想要帶領大家，一起去領略一個充滿人文關懷的作家，是如何在生活與創作上取得完美平衡，當然，我們也將這位台灣碩果僅存的海洋作家的第一手照片、資料，豐富完整的呈現在螢幕上。

第二：生活化經驗傳承

資深詩人 XX 有個獨門絕技叫作「**乒乓詩**」，什麼意思呢？就是他透過單一文字或一群文字的撞擊與組合，展現新詩的靈魂。我們邀請他為孩子們示範，如何從報紙、雜誌上一刀一畫的剪下各別的中文字，然後在電腦上，以滑鼠將這些有點灰暗、各別存在不具意義的古老鉛字，慢慢的一字一句拼貼，撞擊出頗具新意的新詩。看著他用最簡單資源，創作出美麗的新詩，不禁感嘆有許多孩子，即使進了作文補習班，卻還是未能體悟到創作與文字之美。

第三：趣味性的小故事

原住民作家瓦霺斯·諾幹有一次與文學友人夏暑薩波安到日本接受頒獎表揚，主持人問他：「你如何評論你與薩波安的作品？」面對這個尖銳的問題，瓦霺斯·諾幹搔了頭、四兩撥千金的說：「我是泰雅族，住在山上，所以我的作品意境比較『**高**』；薩波安是住在蘭嶼，靠海，所以他的作品內涵比較『**深**』。」在場的人士無不被他的幽默與智慧感動。類似這樣子的趣味故事我們蒐集了好多，透過作家第一人稱的敘述，可以趣味的啟發孩子們的處世哲學。

細節抓出來，感情放進去...

再來，我問她這個商品與其他競爭者有何不同呢？有沒有聽到一些市場的聲音呢？我會這樣問的原因是，通常一個商品或一個概念，不會是獨家製作，一定會有其他競爭者的加入。於是，她說了一段學校老師的談話。

製作期間，我們也得知別的廠商也在進行華人作家的整理，有些知道內情的老師偷偷告訴我，原本他愛打電動的小孩，都非常喜歡我們的製作，他說：「別人的東西是拍得很美，但是，好像少了一些生命力，不像你們的製作這麼花功夫，有訪談、有側訪、有史料、有互動、有畫面、有啟發。」

最後，我們閒聊提到她的小孩已經兩歲了，他的誕生、成長剛好與這個商品的誕生、成長是同步的，我說這個也很好啊！可以當成你在製作期間的一種心情寫照。「XX系列彷彿是你自己孕育的另一個小孩，對嗎？」她點點頭用力的說「是！」這些都可以當成你自己的製作故事，化成文字後，與上千位老師溝通，資訊又不會紊亂，你說是嗎？

當然，如果業務同仁能夠準確的傳達這些，是很好的。但是，一般來說，他們有太多的商品要賣了，你要在他們的腦袋瓜了塞進什麼？也是需要經過精心企劃的，不是嗎？征服了他們，你就會有更多的信心，他們也會更樂意去溝通這個商

Cuento

商品故事 的誕生、成長，

如同在 孕育 一個生命般，

慢慢茁壯...

品的賣點。

把細節抓出來，並且把感情投入，是整理這篇故事的重點。或許我自己也是從業務工作轉行企劃，所以，對於製作的流程，有一定的認識與感受。我們在課堂時研讀完這一篇故事後，Vivian 開心的說：「老師！過去我們自己製作的東西都太理性了，我自己有時都看不下去。」現場一陣大笑。

「透過整理，我可以感受應該要站在客戶的立場來思索，而不是一昧的把資訊塞在一起！」Vivian 開心的下了結論，這篇故事能這麼快樂的啟發他們，我想，這就是推動說故事行銷的樂趣與成就之一！

討 論 與 分 享

● 如果把你的商品，列舉出三個賣點，那會是什麼？

....

....

● 分享一個你最喜歡的商品故事 (聽過 / 看過 / 實際參與過 ... 皆可)

....

....

不說是**石頭**，說了變**鑽石**

把故事變成
企業資產！

領導者的極限

「幾年前，我們到瑞典拜訪客戶，前面 30 秒就讓我們非常的震撼。他們放了三張圖片，第一個畫面是一張非常非常舊的輪椅，右上角是一位老人家 Mr.XX，然後簡報的人開始介紹這個人幾歲？為什麼要創辦這家公司？」這是一段來自中台灣輪椅製造商領導高層 Steve 的談話。「你會發現 75 年前他們的輪椅市佔率，就已經達到全球的四分之一，是當時最先進的製造商。簡報人幾句話，就把公司的氣勢與歷史陳述的相當清楚，這就是說故事的力量。」他熱情急切的繼續分享。

「剛才說的是公司故事，談到個人故事，就是要展露個人的特性與差異化，讓客戶很快的認識你、信任你，最後，就是商品故事怎麼鋪陳，怎麼讓客戶感受商品價值、印象深刻」這是在我輔導這家企業導入說故事行銷過程中的一個畫面，現場還有他們的業務、行銷、營運主管，共 20 多人。

在多年的講師顧問生涯裡，我發現找我導入說故事行銷的企業，高層通常有很好的溝通力、故事力，問題在於，他們要身兼研發、創新、扛業績的責任，過大的壓力導致他們變得

不容易親近，以致於要推動「說故事管理」的時候，員工往往跟不上老闆的節奏與腳步。

如果，說故事銷售是一個個的亮「**點**」，說商品故事則是一條條的黃金「**線**」，那麼，說故事管理就是一個全方位的「**面**」向。怎麼說？

以這家企業為例，他們原本是製造業，這幾年積極想要轉型為品牌。為了達到這個艱鉅目標，他們上了很多課，也請了許多管理顧問公司來輔導，希望除了知名度外，還能強化品牌內涵的溝通與宣傳。於是，我用了顧問案的作法，讓他們分階段輕鬆導入故事管理。

50％企業故事，都可對外溝通

第一階段：**結構力**（以案例授課，第 1-3 小時）
根據我這幾年的觀察，90% 的職場人士對於說故事行銷的認識有限，在客戶面前的談話或者在行銷運用上，幾乎都會把故事當成配角，因此，準備不周變成最大的問題。導致有些人不是說得簡單單調，就是過於冗長複雜，大部分的人會在抽象感覺、因果不清、邏輯不通、像新聞報導、說流水帳等問題之間打轉。所以，這個階段的重點，是幫企業學員把說故事的正確觀念，與邏輯原理給找回來。

我啟發學員的方法，是從請大家從最近的微電影廣告當中，

找到一個令人深刻的畫面，然後討論分享，讓他們明白故事的結構與組成要素是什麼？要如何從聽眾的角度來說一個好故事？

有了清晰的認識與實務故事舉例之後，我就會請企業同仁，根據他們的職務別（業務、客服、研發、行銷、企劃、公關、主管、行政）來撰寫一篇故事，並設定故事的主要溝通對是外部客戶，次要對象才是內部同仁。於是，兩個星期後，幾十篇企業的故事陸續交回，從學員繳回的內容中，明顯感受 90% 的員工，都非常認真的參與。甚至 50% 的作業，修潤後都可以變成對外廣告宣傳的好故事。

這也和是一般企業要求員工寫故事，最後員工僅僅交差了事，會有非常明顯的不同。

第二階段：**內容力**（以該企業實際案例授課，第 4-6 小時）我個人認為最有趣的是這個階段，怎麼說呢？在既定時間內交回故事之後，我會請企業負責課程的窗口，把這些故事用 Email 寄給每個上課學員，目的是讓他們在第二階段上課前幾天，先知道其他人的故事內容。

這麼做有好幾個目的。

第一：可以快速讓學員知道其他單位到底在忙什麼？通常組織越大，部門之間的溝通就會變得比較粗糙，甚至有些微妙

對立，透過讀他人故事的過程，可以慢慢營造同事之間「互相肯定、互相欣賞」的正向氣氛。

第二：可以從這些故事當中，篩選出能對外宣傳或行銷的各類內容，而不必透過廣告公司所提供的「**模擬**」故事，一方面省錢，另一方面可以「**真實**」的展現企業精神。

第三：每個學員手中都有三票，可以做不記名投票，自由票選出自己心目中的前三名故事。讓市場決定什麼樣的故事可以成為企業傳奇。

誰決定你的傳奇？

以上述的企業輔導為例，在第二次上課的前五分鐘，會發現上課氣氛異常的興奮，因為，每個人都希望知道前三名是誰？會不會是自己？進行的方式非常民主與自由，我請進來報到的每個學員，一起拿著麥克筆到白板前，在故事編號之下，劃下自己的選擇，不到三分鐘的時間，結果出爐了。

在這個單元裡，我引導分組學員，針對個別故事討論，並且分析出優缺點，然後進行補充說明與實務演練。分成**個人故事、商品故事、研發故事、設計故事、品牌故事、品質故事、公司故事**等幾個類別。這個階段等於是把企業的鑽石與珍珠，都挖掘出來也整理好。(我常開玩笑說，不挖掘不整理，這些發生的故事只是石頭) 多年來的企業內訓經驗，我發現

誰決定你的傳奇？

個人與企業都擁有非常棒的故事行銷「**素材**」，只是沒有機會整理出來，反而是花大錢透過廣告公司，用「**想像或創造**」的方式來進行說故事行銷。

第三階段：**變現力**（互動演練三小時，第 7-9 小時）

最後，則是針對這 30 篇故事（數量舉例）怎麼運用做演練與討論。例如：這個商品故事如何運用在新經銷商的提案上？這個品質故事如何運用在客訴上？這個創新故事如何運用在通路的輔銷工具上，這個公益故事怎麼分享給記者？這個短篇故事怎麼放在 FB 或 Line 等網路行銷上？任何可以故事傳出去的管道，並且變成獲利的管道與方法，都是這個階段的重點。

前提是，參與的學員必須先把問題事先提出，經過我們的提前了解與準備，在研討會中才能做出最好的建議。當然，後續延續也是我們關注的焦點，避免圖俱形式的勞師動眾！這個說故事管理系統，讓企業文化、品牌態度、商品創新、服務能量，透過說故事來全「**面**」的完整呈現。

討 論 與 分 享

● 行銷發動是由內到外，由下到上的企業文化主動分享，您同意嗎？

....

....

商品價值，由你來定位！

Storytelling Marketing

第四單元
說商品故事
出客戶看不見的 **價值**！

好故事 應該是...求美？求好？求真？

客戶要聽完美的故事
還是真實的故事？

女兒，開工期間你的房間要讓給我！

Susan 的工作是國營事業裡的文創小組，任務之一是把「木質明信片」銷售出去，當然，找到一個故事來支撐，應該是最能引起共鳴的辦法了。可是，這個小組的成員有老有少，在第一次交出的故事裡，比較像是做個報導，把歷史性的景點做一些點綴性的介紹，然後，想用懷舊氛圍來販賣木質明信片。在我看來，是 OK 但是不獨特。

中間有一度，他們想用老建築崩倒，來當成故事的主畫面。後來，這一組的大哥成員老李，在討論時，提到了他當導覽員時，常用的「蒜頭製糖」笑話，最後，另一位擁有設計能力的小組成員 Ken，此時，點醒大家 Susan 的爸爸是國營企業的廠長，可以從這裡延伸。於是，真實的故事與畫面，慢慢的浮現，這篇短文一出，馬上獲得全場一致的喝采與感動，擄獲了每一個人的心！

Susan 是這麼說的：20 多年前，在製糖興盛的時期，許多人都在工廠裡日夜加班。我的父親是管理工廠的主管，有次在晚餐時，他竟然對我說：「女兒啊！開工期間，你的房間都要讓給我喔。」看著我不解的眼神，媽媽說：「開工期間，

你老爸如果沒有聽到工廠裡機器運轉的『隆！隆！』聲，會睡不著覺。」當時，我實在無法理解父親的工作。後來，有一天爸爸在寒冷的半夜起身，我好奇的問他要去那裡？他說：「我要到工廠去，看大家工作的順不順利？」才說完，就看到他三步併兩步奔向工廠的背影。我才知道爸爸轉身進房睡覺時，都背負著一份很沉重的責任。

幾年後，我與媽媽回到製糖廠的廠長宿舍，望著老舊景物的那一刻，我彷彿又看到父親的背影，聽著他訴說工廠裡的種種。剎那間，我好希望把這一刻的感動記錄下來。接觸這份工作後，我想起日本神社透過「**繪馬**」來傳達祝福，於是，我靈機一動，也把糖廠裡的一景一物繪製在木質明信片上，透過文字與問候，寄給遠方的親友，傳達對父親無盡思念。

故事說完了，後面才跟著是產品的行銷語：「真情復刻明信片，讓你的祝福更具珍藏價值。」Susan 真實的感情，因此牽動了大家深深的感動。一張普通的木質明信片，似乎更有價值了。

第一線研發生產都要來！

國營事業的問題是什麼？有人說他們是「坐在黃金堆上的乞丐！」也有人說他們是「無所適從的一群人」。當然了，五年換四位董事長的政治角力，難怪他們經常在行銷上無所適從。

還記得，那次在兩天一晚共 17 個小時的「說故事實務」課程中，這家國營事業的秘書處，甚至發出「一個半月後，幾百萬噸的庫存有機米即將過期！有什麼辦法可以銷出去或送出去？」的訊息，讓參與課程的企劃人員幫忙發想，當時我真的懷疑自己耳朵，是不是出了毛病？第二天下午課程結束後，原本座位是面向講師的 30 多位學員，在主持人的引導下，把座位做了一個 180 度的轉動，改成面對坐在後方的國營事業三位高級主管，開始接下來的課後會談。

我站在後頭，一邊收拾電腦設備，剛巧聽到一位資深經理迫不及待地舉手說：「我覺得這兩天的課程實在非常好，讓我們可以學習到故事行銷的技巧，我這邊有個建議，是不是以後也應該請第一線的研發、生產的同事一起來上課，這樣子我們的行銷結合會更緊密，不然，我們說的故事好像容易失真，或者要去模擬，會比較花時間。」

「我覺得這兩天的課程下來，讓我感覺到同事之間革命情感的產生。」還來不及聽完全部，我就先離開教室了。接下來，我坐上了課程主辦 Ruby 的車子一路飆向高鐵。一路上，我們兩人還一直討論，如何銷掉那幾百萬噸的有機米！

企業最需要的核心能力

回程，我想起第二天中午，一位與我互動熱絡的學員 Leo，在走道上與我聊了起來。Leo 說：「老師！今天下午差點上

不了你的課？」「喔！怎麼了？」我好奇的問。「沒有啦！主管打電話給我，要我回去趕一個案子，我告訴他不行，因為老師的課實在太精彩了」我微笑接受他的肯定與讚美。

Leo 繼續說：「老師，你現在教的其實就是企業最需要的核心能力！」怎麼說？一種發現知音的感覺緩緩浮上心頭。當然，也好奇他的思維好像明顯與他人不同？經我詢問之下，果然他有不一樣的企業經驗。他說之前的工作是在購物頻道擔任物流處長的職務。公司換了新的經營者之後，把五個部長級的主管都換掉了，連他底下的兩個副理都被開除了，他這個中階主管，心軟想要向老闆求情，沒想到自己下午也被請走了！

「哇！蠻殘酷的企業殺戮。」我心裡想。「休息的那段期間，我好像有看過你的雜誌報導，就覺得故事行銷這一塊很有趣，所以，我通過筆試後，就告訴我的面試官，我想要來這裡做故事行銷，因為歷史悠久的國營企業，一定有很多精彩的故事可以跟消費者談。」「老師你知道嗎？我們以前在購物台，每天談的就是研究故事，看如何用最快的速度，讓客戶買單，老闆決策也非常快速有效，因為都是一封 Email 就執行一個專案，不像在這裡，還停留在紙本溝通，速度明顯有落差。」從他談話中，我可以感受他的失落。

從兩天的密集研討當中，我也看到了一個問題，其實，這個

Leo 繼續說：「老師，你現在教的其實就是
企業最需要的核心能力！」怎麼說？
一種發現知音的感覺緩緩浮上心頭。

問題不僅發生在國營企業，一般企業也常出現。那就是以為「故事用編的就可以了。」但是，當你「**誠實**」扮演客戶角色時，你會發現這根本行不通！因為，在字裡行間，你會很明顯的感受到「**編寫**」的故事，根本沒有生命力、感染力與影響力。

故事，求好、求美還是求真，我相信你心中已經有了答案。

討 論 與 分 享

- 說故事行銷是業務的事嗎？還是全公司的事呢？

名字背後的故事？

名字與根源，
烙印品牌與信任！

貴族雞群，住在樓仔厝？！

在一些講座裡，有些聽眾會問我：「老師，我們只是公司的業務代表，如何去挖掘到這些有價值的故事呢？」其實，我認為不只是銷售代表，就連行銷企劃、研發人員、公司主管都應該投入故事的整理與傳遞。

至於，怎麼挖掘呢？我認為保持「**好奇心**」非常的重要，有了好奇心，你會對所做的事充滿熱情，也會懂得聚焦在某一些重要的事情上。

有一家連鎖超商公司，連續幾年邀請我針對「**採購企劃**」人員，教導商品故事課程。課前溝通後，我發現他們每一位採購，每個月必須負責開發數十件、甚至上百件的商品，因此，對於商品故事的整理是必須也是急迫的，可是，我看了內部的「**商品月報**」之後，我覺得問題有點大。

怎麼說？全省數千家的加盟主，會根據「商品月報」裡的商品介紹，來決定進貨數，可是，我想像自己是加盟主的話，我的頭可能會很痛，因為，刊物裡的產品照片拍的不清晰，文字介紹都偏向規格、功能、售價等理性資訊，幾乎看不到

商品的故事。

沒有「**聚焦**」說故事的結果，是讓許多的很有潛力的商品，不斷的上架、下架，在銷售效率上，似乎出了一些問題。於是，我試著根據採購 Linda 的經驗，挖掘、整理出一則有關「**蛋**」的故事。

那天，我們來到了位於嘉義的「XX 蛋品」，一進門馬上被「**雞**」所住的環境給嚇到了！

你，看過雞住在四層樓的「**樓仔厝**」嗎？你看過專門檢蛋的樓梯嗎？在充滿科技與精緻感的「給料系統」、「集蛋系統」加持下，數萬隻雞住在幾乎是「一塵不染」的雞舍裡，中央空調的室溫控制在 24～26 度，而且，兩台耗資千萬的雞蛋檢測器，確保了每顆蛋的篩選過程。

我開玩笑的告訴身旁的同事：「哇賽！這確定是雞住的地方嗎？牠們住的地方，簡直比我家還要舒適、乾淨。」

把「專有名詞」故事化！

一般雞舍為了節省成本，在雞齡約 80 週時會進行「強制換羽」，一般換羽的作法是停水 3 天、停料 12 天，這對雞隻來說是一種強迫性的虐待。經過換羽的雞隻可以再進行另一週期的產蛋，不過經過換羽的雞隻，產蛋品質已經

不如從前。

我們合作的供應商，堅持不使用強迫換羽後的雞群，在雞齡約 80 週時，即進行整舍淘汰，以確保每顆蛋的品質。雞場飼料裡完全不使用化學合成物、藥物及抗生素。

並且在不同的季節，給雞吃不同營養成分的食物，包括高優質玉米、黃豆蛋白、鳳梨酵素、納豆菌、甚至是天然珍貴的靈芝多醣體，感覺這群幸運的雞，就是一群「**貴族**」。

每天住在受人呵護的幸福環境裡，難怪這裡的雞所生下的雞蛋，會是等級最高的 AA 級，不僅蛋黃呈現金黃色澤、蛋形完整並且厚度飽滿，蛋卡呈現在 11~13 度之間，比一般市面上 6~10 度的蛋卡，還要高上好幾級。

聽完這個故事，我自己是覺得，如果在銷售這顆蛋的旁邊，有一個跳跳牌，可以把「**強制換羽**」這四個字凸顯出來，加上一點點小故事，相信對於銷售會更有幫助。

另外，幾年前我擔任一家國外進口車商的講師時，課後受邀去編輯一本他們的「**服務故事**」集，中間需要了解他們的品牌精神，他們營運部門的窗口，給了我一疊厚厚的資料，我看的有點了眼花撩亂，直到以下這個有趣的小故事出現時，我才覺得很有意思。

大家熟知的這個品牌，它的優雅亮麗的名字裡，其實背後是有個故事的。原來，這是一個受父親疼愛的女兒名字，她的父親正是這個跨國汽車集團的總裁，當時，父親為了表達對女兒的疼愛，特地將當時最創新、最先進的車款以女兒名字命名。另一方面，也展現汽車公司保護消費者駕車安全的使命，就像他對女兒的關懷一樣，永遠會不止息！

像這樣的小故事，其實是可以當成與客戶間溝通、聊天的題材，不僅會讓客戶感受到企業的初衷、熱情與人本精神，也容易引起共鳴，比較不會覺得這是個很遙遠、很貴的品牌。

說不定客戶也會開始聊起自己的兒女經，這時，你只要多聽、多問、多讚美，就已經拿到客戶訂單的入門券了。多留意自己公司或客戶服務企業的「**品牌名稱**」背後故事，永遠保持一顆旺盛好奇心，很容易隨時有故事與客戶交流！

用生活形態，來解釋複雜術語

有一次，我在與一家跨國基金公司的主管會議，他們希望能對往來的銀行理專上說故事行銷。這家基金公司提供了上游的「**基金**」商品，讓銀行理專可以對客戶做一個交叉銷售。

當時，他們主推「**美國科技基金**」。在他們給理專的行銷工具裡，有兩個重要的名詞，一個叫做「**雲端科技**」、一個叫做「**通訊革命**」，在一堆威力強大的理性數字裡，顯得有點

憩

勢單力薄。於是，經過消化與整理之後，我在課堂用比較口語化的方式，來解釋這兩個名詞。

廣達董事長林百里的形容最為傳神，他說：「就像以前家家戶戶會掘一口井，但自從蓋了水壩集水，透過水管，家家都有了自來水，雲端運算取代個人運算，就像水壩取代水井一樣。」所有的運算作業集中之後，再分配到各個地方，隨開即用，使用多少付多少，變得自來水一樣便利。

雖然挖井工人變少了，但是做水龍頭、洗臉盆、馬桶的人「**都很發**」。他說英特爾的看法，雲端運算時代將有 150 億台的客端裝置需求。因此，賺到錢的不是自來水廠，而是做相關裝置的人，投資雲端的人也一樣會大賺！所以，雲端會跑得很快，這是我們投資美國科技基金最好時機。

所謂的 [**通訊革命**] 概念股，是這樣子的情境，一個白領上班族，早上起床是由手機鬧鐘叫醒，中午出差則是從手機上的導航系統協助找路，晚上與朋友聚餐時，他一邊在 APP 上與朋友聊天，一邊點菜。

到了深夜，他失戀失眠了，則是透過手機線上刷卡購物。手機如同一個 24 小時貼身秘書，這是也是未來的生活趨勢。所以，投資「**通訊革命**」相關個股，也都會大漲！

用故事來解釋嚴肅物品或名詞，在行銷上是不是很重要呢？

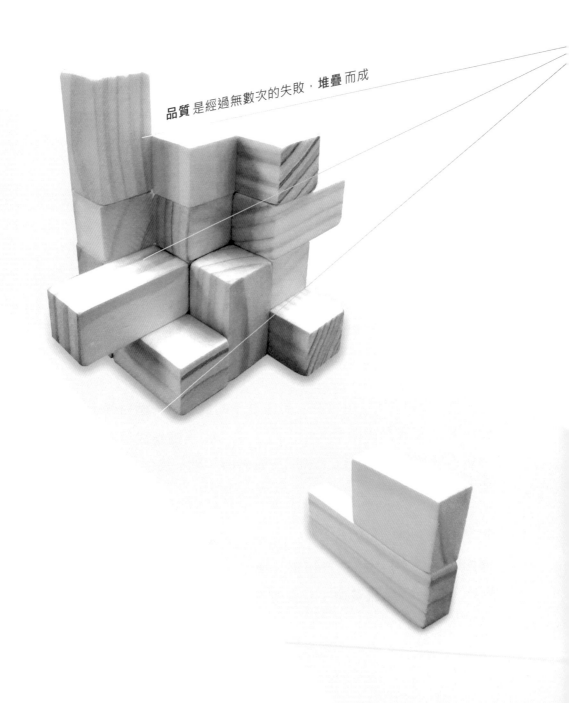

品質 是經過無數次的失敗，堆疊而成

品質故事，
說出客戶看不見的價值！

良率百分百，可能嗎？

二次大戰期間，美國空軍與降落傘製造商之間，為了 99.9% 的降落傘良率爭論不休。

有一天，降落傘製造商的總經理，親自飛到空軍總部，想要做說明，沒想到還是吃了閉門羹，因為，關於降落傘品質，美國空軍不作任何讓步。

最後，美國空軍做出一個明確要求，就是從每一批交貨的降落傘當中，隨機選取一件，從製造降落傘的公司裡，隨機挑選負責人親自試用，沒想到，這一個堅持，讓降落傘突破了 0.1% 的不良率，確實達到了 100% 的品質要求。

這個故事聽起來有趣，不過，距離我們比較遙遠。

另一個我聽過的真實案例是「**成功企業家蓋房子**」。William 是建築公司董事長，他蓋的房子總是比別人貴。為什麼呢？因為別人的鋼骨是用雜牌的，William 用的是中鋼。別人有一組制震系統，William 的有 14 組。別人的樓板只有 12 公分，William 要求樓板至少有 18 公分，所以，隔音特好。也因此，房子載重變重，地基要做到 17 層。

William 的公司有自己的營造廠，只蓋自己的房子。以鋼骨建築來說，最危險的工作就是焊接，但焊接時，一定安排三組人錄影，監督合格後，再灌水泥。銷售時，把這些過程放給買房子的人看！

這個大老闆，其實不是建築本業出身的，第一次蓋房子的時候，他就在旁邊租一間房子，中午工頭休息，他請他們喝茶，跟著學、看著做，不懂就問。到了蓋第二棟房子的時候，這位董事長已經可以自己監工了。他說：年輕人不要好高騖遠，經驗都是從苦難中得來的！

這是傳說中的生死門？

有一年，我輔導一家輔具製造商，公司位於嘉義民雄，全球有幾十個經銷據點。當時，一位受訓的業務同仁，說出自己的親身經歷，讓在場的人印象深刻。

他說他剛到職時，是住在宿舍，連續好幾個夜晚，半夜都會聽到「**喀搭、喀搭**」的聲響，聲音由遠忽近、似有若無，導致他好幾天都睡不好，白天工廠有聲音不稀奇，到了晚上還有這樣子的聲響，讓他覺得毛毛的，畢竟，這裡是民雄啊，鄉野靈異傳說不少，難道真的讓他遇到了嗎？

直到第三天，他終於鼓起勇氣，往音源方向走去，準備一探究竟。他慢慢走向一處陰暗的工廠角落，準備要推開門之前

．「**喀搭、喀搭**」的聲音越來越大，就在他心臟快要跳出來的時候，眼前出現的是一台輪椅測試機，他恍然大悟，原來．這就是他們公司傳說中的「**生死門**」。什麼意思呢？

他們公司在每一款新機種上市之前，都要經過嚴謹的模擬路測。這台輪椅置放在兩個打型滾輪之上，隨著滾輪向前翻轉．輪椅上的輪子也會自動的翻轉。根據他們的要求，這台輪椅必須轉動 6 萬轉，確認沒有瑕疵，才能正式上市。

以一台 24 吋的輪子圓周長度是 61 公分，經過 6 萬轉，幾乎是走了 3800 公里，環台一圈是 960 公里，等於這台輪椅上市之前，必須環島 4 圈的意思。他看到這張測試的輪椅旁有個計數器，上面顯示的數字是「17890」，也就是目前已轉了一萬多轉，還有四萬多轉需要挑戰。

這時，他注意到另外一台輪椅，不斷地從高處垂直落下，然後再緩緩升起，輪椅上綁著與人體重量差不多的鉛塊，也就是說，這台機器是作一個乘載重量掉落測試，總共必須經過 8000 次的實驗，才能完成耐用度測試。

由於現場有四分之三的人，不屬於製造單位，很多人都是第一次聽到這樣子的訊息。後來，他補充了一位品管部同仁的說法：「品質是什麼？市面上每一台輪椅看起來都差不多，如果，上面坐的是我們的親人，你會怎麼挑選輪椅呢？」

答案很明顯，就是把自己的作法，告訴消費者，讓他們更安心，有了品質，客戶肯定了，自然就會有品牌了！

過了兩星期後，這位業務同仁很開心的說：「老師！我把這個品質的故事告訴一些經銷商，他們都覺得很有趣，也更了解我們公司的製造品質是什麼？彼此之間的話題，也更多元化了。」

品質，不應只是數字上的溝通，應該讓客戶能夠「**看得到**」製作的現場，才會有感覺！

也就是說，如果你是在製造公司，不管是業務單位還是行銷單位，你應該常常跳出員工的角色，來看這些製造過程，怎麼說呢？如果你是員工的思維，就會覺得這很理所當然，可是，一旦你用客戶的角度來看時，你會發現一個不一樣的視角，讓你的溝通與銷售，呈現不一樣的氛圍。

暴風侵襲後，山涯邊的另類省思

2007 年秋天，自行車企劃 Stan 與 30 多位同事一起環島，第三天，行經東海岸遇到颱風侵襲，偏偏他又不小心脫隊落單。當時，才下午四點多，天色卻已經非常陰暗，沿途的路燈與警示標示完全失去功能，根本看不到。偶爾還有砂石大卡車從身旁呼嘯而過，震天喇叭聲嚇得他數度緊急煞車，停在狹小路肩上，深怕不小心掉到數百公尺下的海岸線。

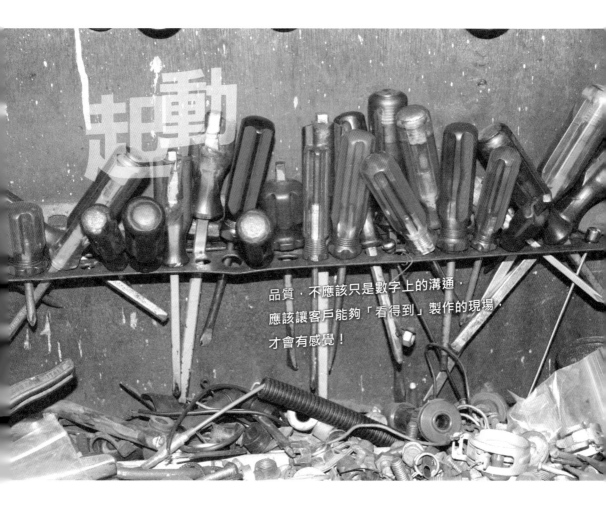

起動

品質，不應該只是數字上的溝通，
應該讓客戶能夠「看得到」製作的現場，
才會有感覺！

Storytelling
Marketing

沒想到說時遲那時快，原本照亮前方的車燈，突然閃了幾下，竟熄滅了！無盡的黑暗籠罩四周，除了感到無比的孤單之外，腦海中浮現思念的家人。緊接著閃過的第二個念頭是：「耶！這不是我們引以為傲的新品嗎？萬一消費者使用我們的新車燈，遇到了與我同樣的狀況，他該怎麼辦？」這個問題一直伴隨著 Stan 到環島旅程結束。

回到公司後，他請來結構師、設計師、製作工廠、供應商一起開會研討，並且訂立一個具體目標，就是「把頭燈電池盒打開，讓大水不斷灌進去，都可一直持續維持照明，甚至不會漏電。」這在業界算是一個非常瘋狂的創舉。幾個星期後，幾個配合研發的廠商開始打退堂鼓。這時，外部的質疑聲浪與內部的壓力也排山倒海而來，在幾個月的慘澹努力研發之後，Stan 開始懷疑起自己，是不是該放棄了呢？

就在新品上市前夕，他們終於克服了最後一項零組件的隔水問題，並運用長期供應鏈的優勢，降低了成本，這款新頭燈不僅通過了專業檢驗，甚至得到了專利及業界的肯定。

可惜的是，Stan 從不與他人提及這些過程，如果，他們能夠將這些充滿熱情的故事，透過公關稿、或者門市 DM 的方式傳出去，這款新車燈，肯定會得到更多的青睞！

你覺得呢？

心中也隱隱覺得：「驚險的**採購之路**，這 **甜柿** 真的是得來不易！」

用心採購的故事，
客戶想聽愛聽嗎？

經理，你累了嗎？

幾年前，我為中部一家連鎖超市上課，課前到台中拜訪採購經理。會談前，他帶我經過一道連接賣場與辦公室的出入口，就是一般超市員工出入或補貨的通道。說是門，不如說是通風口更貼切，因為它用七、八片長條直立的透明塑膠片隔開兩個地點，出入的人必須撥開厚重塑膠片，才能穿越它。

當時，高大的經理原本走在我前面，一到出入口，他突然轉身，面向賣場微笑，並深深一鞠躬說：「歡迎光臨！」我仔細一看，根本沒有顧客在附近，我心想會不會是他工作太累，弄錯了。會議後我們再次經過那道門，經理還是對著賣場九十度彎腰鞠躬，大聲說：「歡迎光臨！」當時還是沒有顧客在附近啊。

我忍不住問他：「經理，沒有顧客停留在賣場出入口，你們也要這樣子鞠躬說話嗎？」他點點頭說：「這是董事長交代的，鞠躬代表一個誠意，即使顧客不在身邊，我們還是一樣要感謝顧客。」哇喔，簡單的一個動作與態度，讓我對這個企業刮目相看！

當時，我很好奇為什麼他們公司想要上說故事行銷課程？目的是什麼？他說許多大型賣場或連鎖便利超商不斷的擴點，讓地區型的競爭逐步白熱化，我點點頭深表同意，也同時問他：「採購過程中，有沒有什麼好玩或深刻的故事？」他搔搔頭說：「是有一個，但我不曉得能不能當成說故事行銷的素材...」於是，我請他把我當成「**顧客**」的角色，告訴我這顆「**甜柿**」有什麼特別的地方？

他興奮地說，幾個月前他與伙伴清晨五點就出發，準備到一個梨山新產地採購甜柿，三小時蜿蜒的山路讓他與伙伴個個頭昏腦脹。到達武嶺後根本沒有心情欣賞高山美景，簡單休息一下，就搭著農民做的簡易「**流籠**」，從幾百公尺的上空，往對岸俯衝，由於地勢落差很大，短短的七、八分鐘，都是以俯角的 60 度的角度搖晃前進。我問他：「當時會害怕嗎？」「嚇死了！你知道嗎？下面就是深不見底的德基水庫的集水區。」

高空流籠與湍急竹筏

「怎麼辦呢？只能繼續往前衝啊！」他一邊拿著流籠照片給我看，一邊敘述當時的驚險，我的雙腳彷彿感受現場的顛簸，不自主微微顫抖。到了對岸，他們繼續坐著幾根塑膠管做成的「**竹筏**」，往集水區上游前進。途中水流湍急，不少比人身體還粗的漂流木差點撞上小船，操筏農民說，因為颱風天剛過，

所以漂流木特別多，幾個大男人只好趕緊與身旁的伙伴手搭手緊靠在一起。

他的談話裡，沒有過多的誇張，卻流露一種樸實的魅力，他說出了一個清晰情境與完整畫面，吸引我想要繼續往下聽，心中也隱隱覺得：「驚險的採購之路，這甜柿真的是得來不易！」

經過六個多小時的陸、海、空路程，總算到達了目的地。放眼望去，一甲多的梨山甜柿盡在眼前，他們與騎著重型機車的新世代農村青年深談之後，確定他就是他們想要合作的伙伴。「怎麼說？」我好奇地問他。他說：「一般農民會捨不得『**梳果**』，深怕產量減少，成本無法回收。」這位40歲的農民前幾年常到國外考察，擁有不錯的種植觀念，「**梳果**」之後所留下來的果實更甜美，營養成份也會更高。

另外，他彷彿找到知音地說：「還有，我們都是堅持在欉紅。」「什麼意思呢？」我問。他說：「為了配合產銷運送，一般的水果都會在六、七分熟提前採摘，經過三、四天的配送、倉儲之後，再用乙烯來催熟。」「啊，這樣風味會變，不是嗎？」「沒錯！所以，我們與這位農民的共識是，今天採摘的甜柿，晚上就會運送到我們的工廠徹夜清洗，隔天一大早，就能與我們地區的消費者新鮮見面！」哇，聽起來非常不錯耶，甜美碩大的梨山甜柿，光想像我的口水幾乎已經

快要流下來了。

我問經理這些採購過程，會向客戶溝通說明嗎？他笑笑地說：「這就是要請老師來幫我們的原因。」原來，經過他們內部溝通，有些人覺得這些過程是很平常的；但是，也有一部份的人，覺得這些故事很棒，應該要說出來給客戶知道，感受他們新開發甜柿的「**差異化**」在那裡？與之前摩天嶺的甜柿品種有何不同？

好奇的問：為什麼？就會有故事！

「耶，你們為什麼想要開發甜柿新產地呢？」我突然想到這個重要的問題，經理說因為聖嬰現象，原產地的氣溫變熱，他們想要找到更棒的產地，因此，經過了好幾個月的探訪才找到這裡。賓果！「為什麼？」這個看似簡單的問題，其實答案之中，就會隱藏著消費者心中想要聽的故事。在經理的敘述裡，我彷彿可聞到他們身上流下的汗水，以及烈日下的辛勤採購。

我曾經把這個案例做成簡單的彩色型錄，詢問看過這份 DM 的人，如果假日與家人在賣場閒逛，在眾多水果當中，你看到了這個小故事，你會怎麼做？80% 的人說會「**買！**」我說如果你吃了也覺得不錯，也買了幾百元的柿子，然後連同這個小故事放在包裝盒裡送給長官或同事，請問他們的感覺會是什麼？「**覺得我很用心。**」沒錯！

只要敢問為什麼？就會有故事！

這個例子的重點，不再於疏果或者在檳紅，目的是給你一個開發性的思考，想一想，「耶！我銷售的商品裡，有沒有類似的例子，可以讓客戶產生共鳴、連結或感覺。」

有一次，我在公開課程中說明案例，剛好一位學員就是蔬果批發商，我詢問他對這篇故事的感覺，他說：「陳老師，我們的銷售對象是傳統市場的那些歐巴桑、歐里桑，比較沒有機會去說故事。」話才剛說完，他搖著頭補充：「也是有一些年輕的二、三十歲的新世代加入啦。老師，我已經有東西知道可以怎麼做了。」看著他喜悅的表情，我想故事的「**啟發**」作用，又再次啟動了。

故事都有，**故事**都在。重點在於，你怎麼**運用**它？

討 論 與 分 享

● 你曾經問過企劃、採購或老闆有關商品的故事嗎？

....

....

● 如果有！你是否已開始運用這故事去做行銷了嗎？
  如果沒有！為什麼問不到呢？（困難在於...?）

....

....

....

心

新

欣

鑫

放大研發細節，
才能打動人心！

感性問候變了調！

有一年，我透過管顧公司介紹，準備為一家上櫃生技公司上課。課前，我們一行人浩浩蕩蕩前往課前專訪。由於管顧公司的總經理 Jason 與負責人夫妻相熟，為了讓會談氣氛更輕鬆，他說了一個笑話，讓大家都不禁莞爾。

Jason 說一家汽車公司上了服務課程之後，要求每個層級員工都要打電話作售後服務。於是，張先生買車後第三天，就接到維修廠的技師打來的服務電話：「張先生，您好，請問您車子方面有沒有什麼問題？」張先生心想，售後服務還不錯，回說還 ok 啦，就掛了電話。

第六天，電話響起，依舊是這家汽車公司的維修部，只是換成了維修課長，聲音依舊冰冷：「張先生，你好，我是某某公司維修主管，想詢問您，車子開得有沒有問題？」張先生說沒什麼問題，再次掛了電話。

到了第十天，張先生又接到車廠廠長拘謹地問候：「張先生，請問你車子開得有沒有問題？」這時，張先生再也忍不住了：「你老實告訴我沒關係，我可以接受，這部車子到底出

了什麼問題？」

原本，應該是發自內心的服務關心，卻因為僵硬的詢問，導致客戶感受不到，甚至懷疑起產品是不是出了什麼問題，這是典型的理性思維，讓一樁感性問候，變調了。

服務如此，商品也會是如此。我們接收到的商品訊息裡，幾乎都是以功能性的說明居多，這些用語用詞都是在強調商品的好處，沒有不對、也沒有不好，只是少了人的「**溫度**」在裡頭，不容易讓客戶感受到生命力。怎麼讓商品更有生命力呢？當天會談的內容剛好是一個很不錯的例子。

少了態度，就沒有溫度

Emily 說 15 年前，弟弟發生車禍成了植物人。不幸的是，弟弟同時也是 B 型肝炎帶原者，長期服藥造成肝臟負擔，最後到了肝功能崩潰的地步，一般正常肝指數少於 40，她弟弟肝指數卻高達 3000！不僅全身長出許多紅斑，背部還佈滿化膿的爛痘痘，摸起來像是火在燒一樣。連當醫生的爸爸都只能說：「肝病是無藥醫的，只能好好的照顧。」

當時，由於工作關係，她看到了 T6 的臨床報告，於是買了6 瓶給弟弟使用。第一個月，弟弟躺在床上用灌食補充水分營養，排泄則要灌腸才有辦法；第二個月，他可以定時上廁所了，這表示他的器官開始正常運作。一天，媽媽發現，弟

弟背上痘痘不見了！他們抽血發現他的肝功能指數降到 46
和 38！當天晚上，她媽媽打了 50 多通電話，喜極而泣地告
訴親友：「我兒子的肝有救了！」

Emily 興奮地談到這裡，在場的人都替她感到開心。後來，
這個商品就成了他們公司的明星商品，一賣就是好多年，得
到許多客戶的口碑認證。「所以，這件事是否影響了後來的
經營理念呢？」

「當然，因為弟弟的關係，讓我深刻的領悟到，我們的一個
念頭，是可以讓客戶更健康的，所以我們在篩選商品時，有
三不原則。

第一：不用沒有「**臨床實驗**」報告的商品，我自己和國外部
同事經常研讀幾千頁的專業報告，為的只是找出最有利本地
客戶的商品。

第二：我們傾向與那種「**一輩子只研發一種商品**」的公司合
作，每個公司都有厲害的地方，但是，那種對健康的熱情與
專注，才是我們往來的最佳伙伴。

第三：絕不偷料。有本地的配合廠商知道我們的藥品成分之
後，暗示我們說，他們有效果一樣的成分，要不要考慮轉換
？我一聽就告訴他們，我們算是作「**吃**」的行業，這是一個
良心的事業，如果，客戶吃進肚子裡的東西，我不能負責，

那麼，我就是在作傷天害理的事情。」

說出初衷引發共鳴！

最後，Emily 補充說，為了照顧植物人弟弟，他們家甚至訂製了一張 50 萬元病床，只為了給弟弟最好的照料。她，也因為弟弟的狀況，讓他們對於迫切需要健康的客戶，以及照料他的家人來說，多了一份同理心，所以，20 年來一直抱持「**視客如親**」的態度來研發商品、經營公司。

我想，先不論商品或公司的經營績效，光是聽到 Emily 的故事，在座的人，包括那位經營管顧公司的總經理與她的同事，都覺得這個故事真的很令人動容，甚至，想要買幾瓶 T6 給家人使用。

「這個故事有讓每個員工都知道嗎？」我好奇的問她。Emily 說，這就是問題所在，她偶爾會在客戶研討會的時候說，但是，很多業務同仁，都轉述得零零落落，導致效果有限。

其實，你會發現，好的故事開頭一定都會有個情境與畫面，讓聽眾容易進入故事情節之中。然後，慢慢的談出自己想要表達的三個重點，最後再總結自己的感想與啟發。

過去，我有位前輩曾提醒我，銷售要能夠「先感受、後行動」，什麼意思？就是你必須賣一個自己都很有感覺的商品，

怎麼讓我的商品更有生命力呢？

如此一來，你才會用盡身上的最大力氣與智慧去銷售，成績也才會源源不絕。這一點，我謹記在心，所以，我常在企業裡，尋找有感受的故事或商品，畢竟，這才是故事行銷的原始典型。

我自己認為，如果我是該公司的主管，我應該會馬上將這篇故事文字化，然後，趕緊 Email 給公司的一百多位同仁，讓他有機會去轉寄這個小故事。在不涉及「**療效**」的前提下，做成一份行銷 DM 或 PPT 簡報，用來說明公司的經營用心與初衷熱情，這麼做，我想會對於開發客戶、維護客戶，是會有一定的效益。

討論與分享

● 你的商品裡，有沒有令人感動的小故事呢？

......

......

● 真的找不到故事了，怎麼辦？(Email 主旨寫找故事，我們將回信給您參考問題與故事案例)

......

......

客戶問：

你們是什麼樣子的公司？

可否用一個 **真實故事**？

來描述你們公司！

簡報時，
聚焦差異化與企業熱情

撩起客戶內心波瀾？

所謂的知名公司，佔據市場的比例畢竟只有 2%。能在知名公司上班的業務代表，在介紹公司時，當然會擁有品牌上優勢。但是，據我的觀察，這些業務代表，相對的也少了一種創新與創造的銷售活力，怎麼說呢？

一般資訊或科技公司，在拜訪客戶做簡報時，會以業務代表與工程師做一個小組搭配，簡報過程中，盡量讓客戶感受到團隊的整合即戰力。溝通流程大致都是說明公司歷年發展沿革，接著談出公司的商品或服務 solution 方案，緊接著就請工程師做一個 DEMO 與操作，然後提供客戶成功案例分享，最後是 Q&A 時間。

這麼制式或 100% 理性的業務拜訪，會讓決策窗口留下什麼深刻印象？有沒有辦法讓客戶的內心產生一些波瀾，甚至想要在簡報後，開心的與同事或老闆分享呢？

我曾經輔導過一家日商背景的資訊公司，我光聽到他們的公司名稱，帶著濃濃的日系風，就會有一點點好奇？為什麼是這個名字，它的背後是否有日本人在投資與經營呢？果然，

在我與總經理當面求證過後，找到這個很有情感的小故事。

跨越時空的承諾

日本會長小室先生，曾經在二戰期間到南洋當兵，當他坐著軍艦駛入高雄港時，短暫的停留期間，讓他感受到寶島台灣的人情與溫暖。因此，當他回到日本時，就發願「有一天，我要回到台灣創辦一家公司，讓台灣人自己來經營管理，作為當年受到熱情招待的回報。」

果然，會長在日本事業做得很成功，為了實現他的承諾，他成立了這一家資訊公司。現任總經理在 13 年前，到日本與會長開會時，會長當場承諾要讓公司上櫃，並且授權給台灣人全權經營。總經理當時心裡想著：「這個區塊的市場很小，有可能上櫃嗎？我想我還是聽聽就好。」

沒想到日式經營的細膩與用心，在這十三年展露無疑。不求快、不躁進、重服務，甚至是「按計畫虧損」，讓這間小公司逐漸成長為數百人的上櫃公司，也讓會長的台灣之夢實際落實。

我聽到了這個故事時，如獲至寶的告訴他，這個故事中的一些「**畫面**」，對客戶來說是有感受的，他想了一下回應我說：「對喔！陳老師，以後我們業務在向客戶簡報公司時，就可以放一艘南洋舊船。讓客戶清晰的知道我們公司的起源！」

「對對對‧‧這樣的開頭，肯定會讓客戶印象深刻。」我百分百的認同他的想法。

「貴公司與同業之間最大的差異化是什麼？能否用一個故事來說明？」我想要趁勝抓出企業的核心價值。總經理想了三秒鐘，說：「應該是對客戶服務的重視吧！」「怎麼說？可否舉例子..」總經理徐徐道來：「首先，我們的業務與工程師的比例是業界最高的，達到 1:1.5。也就是說 1 個業務代表，會有 1.5 個工程師在做支援，客戶更可以安心感受優質即時的服務。」

「很棒！這是一個事實、也是一種概念的落實，但是，有沒有一個具體的故事可以證明...」我期待聽到實際的案例，這個問題對已經脫離第一線業務許久的總經理來說，似乎有點吃力。

他說：「一般公司軟體賣完，就差不多結束了，但是，我們卻認為服務才要開始，別的競爭對手或許商品比我們功能更優，但還是有客戶使用後，回過頭來找我們的。」「太好了‧有沒有故事呢？」他告訴我一個客戶曾經退訂三年後，卻又回頭找他們公司服務的案例故事，聽完後，我發現情節、畫面、戲劇張力一項都不缺，太好了！

逆風而起的動容

他告訴我：「客戶其實並沒有買錯商品，可是到最後客戶卻放棄這個商品，回頭來找我們呢？」為什麼？我請他試著用三個重點濃縮出來。第一：我們比客戶還關心他成不成功？因為一個軟體安裝到了公司系統之後，許多人事問題，才剛要發生。不管是資訊管理者、或者使用者本身，都會慢慢累積出一些問題，老闆本身認同與支持，都會影響軟體的使用。

第二：協助整合內部意見。第三：以客戶未來需求為導向，提前為客戶做準備！」就是這三個重點，讓他們在業界屹立不搖。

最後，他提到了「**逆風而起**」的企業文化。他說，他們的挑戰在於，他們的商品最晚推出，功能不是最強，卻必須花更多的時間來銷售。可是，他們卻鎖定機械業與製造業，甚至為客戶舉辦「機械美學」的 200 小時課程，目的是為客戶培養工程師，與產業一同成長。

當然，這裡也會有因為參與「機械美學」課程而實際獲利的廠商客戶故事，可以挖掘、整理後，當成日後簡報時，說明公司的行銷武器。

有了「會長之船」（**緣起**）、「退定三年回鍋客戶」（**差異**）、「機械美學課程」（**文化**）這三個具體故事，你說業務

在簡報提案時，會不會充滿了情感與故事性呢？

如果你能這樣做，就可以建立客戶與這個公司的情感連結，這樣子的你，可以不用按照公司給的資訊，一條一條的念給客戶聽，客戶當然也會對於公司多了情感上的認同與期待。

誰說科技資訊業不好說故事，有「人」就會有故事發生，當你帶著熱情進入你的行業時，不要怕去找故事，尤其是重要的人士的故事，當你可以向我們這樣慢慢的挖掘出這些故事時，你同時也會變成說故事的高手。

討 論 與 分 享

● 你對於自己公司的故事了解嗎？請分享一個...

....

....

....

● 你對於客戶公司的故事了解嗎？請分享你印象深刻的...

....

....

....

從一艘岸上的船開始說起

呵護客戶如同呵護家人

逆風而起的企業文化

練習用簡報來說公司故事：

[簡報圖]

標題：

[簡報圖]

標題：

[簡報圖]

標題：

限制 來了·故事 也會跟著來！

이야기

喝世界咖啡，
亮內心光明！

第五項修練的腦力激盪

2008 年 2 月，暢銷書「第五項修練」的作者彼得．聖吉受邀再度來到台灣，在一場演講當中，他介紹了風行歐美十多年的「世界咖啡館 world Café」。主持人用一個簡單有力的問題，讓不同職務甚至是不同領域的人聚在一起，針對議題共同討論，透過熱烈激盪找出解決問題的新方向、結論。

我一剛開始的理解，覺得這個遊戲非常像是傳統的腦力激盪（Brainstorming），後來我細看當天議程報導後，覺得似乎不太一樣，微調後運用在我的課程之中。

我是這麼引導的：當學員看過了一個三分鐘的影片故事（我從工讀生做到上櫃董事，出書當企業顧問的歷程故事），我會分享一個觀念：「說故事其實不難，真正難的地方是在『**創造故事**』這件事，你說是嗎？」在場的人，有一半聽懂並且點頭如搗蒜。

「那麼，各位，說故事要不要有創意在裡頭呢？」剩下的一半聆聽者也都同意要有創意。我的目的是引導參與的學員，不要太執著於說故事這件事本身，有時要跳出來，用遊戲的

心情，輕鬆面對人生與事業，才會有不一樣的感受與體會。

這時，我公布題目，請在同一組的人，5 分鐘內討論完畢，並且寫下 10 個具體的答案。題目非常簡單，就是「如果，我們都永遠都離不開這棟上課的大樓了，請問，你與你的小組該如何度過餘生？如何繼續創造屬於你們自己的故事？」請注意，唯一的限制是「永遠、永遠都不能離開喔」，其他都沒有任何的設限。

當我說完題目後，少數人會不信邪的竊竊私語，好像想要尋找漏洞似的，這時，我會補上一句：「請不要去討論該怎麼離開這裡，沒有這種答案...」這時，剛浮起的小騷動，馬上被大夥的笑聲給淹蓋了。我要大家死了心，專注的想像與討論「下一步是什麼？」

五分鐘後，各小組的答案慢慢出爐。「有沒有那個小組，願意主動第一個分享呢？」大部分的時候，大夥兒都會面面相覷，直到我說：「先分享的小組比較好，因為其他小組答案，不能與第一個小組答案一樣...」還沒說完，台下的手已經密密麻麻分不清楚，我只能請情緒最激動、組員最亢奮的小組率先開始。

「老師，我們第一件要做的事，是先勘查地形，先分配每個人的房間...」「不錯喔，聽起來像是很有規劃，然後呢？」

我繼續追問。「想辦法跟外界聯絡，用網路把工作繼續完成...」「嗯，有沒有比較特別的？」我開始發動砲火：「有啦，我們小組的小豬說，他想去 12 樓坐在總經理的位置上過過癮...然後發號施令，讓男女開始配對，因為都出不去了，要為下一代著想...」說的人臉紅，台下也跟著笑翻了，創意似乎開始發酵了。

限制來了，故事也會跟著來

還沒有等這個小組說完十個答案，馬上有個小組搶先要回答，我提醒：「答案要與前一組不一樣喔...」「老師，我們會先大睡一覺，因為平常工作太累了，然後，睡起來之後叫外賣來吃。」「嘿嘿，民以食為天，ok 啦，接下來呢？」「我們會唱卡拉 ok，然後在頂樓種菜，甚至把這邊改造成宗教中心，讓大家可以各自禱告或者修行，還有寫回憶錄啦...」「等等，你們好像都沒有家人，怎麼沒有想到把家人帶過來？」

這時，才有人說：「有啦！剛剛有寫沒有講...」在我等待大創意的同時，有個小組很有自信的舉手：「老師，我們想把這邊改造成百貨公司、娛樂中心，讓它吸引人潮來購物或參觀，然後，呵呵，我們要收門票」「不錯！有生意頭腦。」我在心裡大喊著：「**賓果！**」

我還沒有講完，他們更興奮的補充：「我們要把這邊變成『楚門秀』電視實境節目，透過網路讓全世界的人都知道我們

在這裡，讓媒體來報導...」我提問：「這樣有什麼好處呢？」「有啊！別人進不來，我們就以自己為中心，讓大家主動來關心我們，然後製作節目、收取廣告費...」「非常棒，也非常跳躍的想法，Good！」「還有呢，把這邊變成『**霍爾的移動城堡**』讓建築物可以自由移動，到任何地方去，甚至是把外牆不斷的往外擴建，一直擴建到最大，沒有界線」

你看到了嗎？想像力唯一的限制就是自己，一個看似困境的限制，其實就是最大的祝福！當你在框框當中時，主動積極的思考與行動，才是最重要的事情，而不是抱怨、等待、坐困愁城。雖然我們只是在演練一個遊戲，但是，你有沒有發現？這與現實生活中的道理其實是不謀而合的。

在最短時間內，看到每個人的價值觀

故事，通常會發生在什麼時候呢？沒錯！就是當你「匱乏、不足、沒有資源、連續失敗、周遭人不看好你、環境限制重重之時」，傳奇的故事就即將發生，發生在勇於面對的人身上，發生在對生命懷抱夢想與希望的人身上。

我常說，擁有傳承的好運與金錢，其實沒什麼好驕傲的，因為，那贏不到他人對你發自內心的尊重。如果，你是一無所有，非常好，這才是你大展手腳的契機，你應該要興奮開心，為什麼？這是你用「**行動**」創造故事的最佳時機，展現自

我價值的最好途徑。

沒有人可以忽略你的生命故事，也沒有人可以改變你，除了你自己。如同美國總統歐巴馬（Barack Obama）說的：「期待他人或等待未來，改變將永難實現。我們自己，就是我們等待的人；我們自己，就是我尋找的改變！」

我發現世界咖啡館（world Café）這個小遊戲，是因為我專注於「**說故事**」這件事，所以，任何與它相關的資訊，我都會讓自己的心智自動去搜尋與注意。這個遊戲最有趣的地方之一，是你可以在最短的時間內，看到每一個人不同的多元價值觀，你會發現有些人在限制當中，還是心繫著工作，想要透過網路、擴建完成職場上的目標；有些人會因此想要多和家人在一起；有些人則會考慮寫書、修補親子關係、開始自我實現等。

討 論 與 分 享

● 想一想，當時間的限制不存在時，什麼是我最想留下的？什麼是我在乎？什麼是我打從心底想做卻一直沒去做的？

領導者，皆擁有精彩的人生故事！

Storytelling Marketing

第五單元
說故事領導
激勵與影響他人之道！

突然，兒子抱著爸爸，兩人相擁而泣，
似乎打開了彼此的心結...

真情藍白拖裡，
隱藏的企業靈魂

30 秒內跨越三座月台

幾年前，我擔任一家連鎖鞋業的說故事行銷講師，聽過不少令人動容的服務傳奇。以下這一則店長 Joy 分享的故事，讓我多年後依舊是印象深刻。

一個炎熱夏天的下午，一位穿著 10 塊錢藍白拖的阿伯，手裡拿著一杯綠茶，無精打采的晃進店裡頭，經過幾分鐘介紹，他決定買一雙一萬多元的皮底紳士鞋。結帳刷卡時，JOY 的手停在刷卡機上方，內心有點掙扎，因為從交談互動中，感覺阿伯的身心狀況不是很 OK?! 當時，身邊的店員還小聲提醒 Joy：店長，一萬多塊業績耶！Joy 天人交戰，到底要服務為本關心客人，還是以業績為先呢？

經過一番煎熬，Joy 決定堅持信念，趕緊聯繫阿伯的家人，但是他卻說不出家裡的電話。於是，Joy 請信用卡中心聯繫他的家人，阿伯一聽到兒子要過來接他，二話不說立刻掉頭離開。Joy 趕緊跟在阿伯身後，一路跟到附近的火車站，在車站大廳與他兒子電話聯繫並會合。同一時間，阿伯買了一張開往花蓮的火車票，已經快步走到了候車月台，火車此時緩緩進站，時間非常緊迫。

怎麼辦？當時，火車站改建，要到阿伯所在的月台，需要橫跨三個高架月台，他兒子 100 多公斤，才剛趕到現場，Joy 心想只能靠自己了。不知道哪來的力氣，她竟然以這輩子最快的百米速度拼命奔跑，原本五分鐘的路程，在 30 秒內完成了，攔住列車長後，上氣不接下氣的解釋一番，列車長與阿伯兒子將不情願下車的阿伯硬拉下火車。阿伯蹲在月台邊的角落不發一語，他兒子不斷勸說，希望他把內心不愉快說出來，兩人就這樣對峙了 30 分鐘。

突然，兒子抱著爸爸，兩人相擁而泣，似乎打開了彼此的心結。最後，兒子攙扶爸爸緩慢走上樓梯，坐上機車回家，一旁的 Joy 跟著濕了眼眶。傍晚，阿伯的兒子帶著蛋糕與咖啡回到店裡，表達感謝。也說明爸爸因為和家人激烈爭吵，情緒失控導致暫時失憶，十年前曾經發生過一次，這次是第二次，幸好遇上 Joy，不然爸爸就失蹤了。

除了成交，Joy 更贏得客戶的尊重與感動。

11 號男鞋，換來 12 萬的業績

另外一個綁不了鞋帶的客人，最後帶給 Kate 將近 12 萬業績，也令人印象深刻。那天，外頭下著滂沱大雨，進來一位身高 185 公分的客人林先生，Kate 熱情的打招呼之後，並從架上拿了一些鞋款擺在地上，鼓勵客人試穿，林先生只是冷漠的繼續看鞋。五分鐘後，他默默將外套脫下來，頓時，

Kate 愣住了，原來林先生只有一隻手，而剛剛 Kate 所拿的都是鞋帶款，Kate 超尷尬也不停的道歉。客人只是淡淡地回應：「沒關係，這麼多年來，我已經習慣了...」

於是，Kate 更努力進出倉庫，尋找適合的鞋款請林先生試穿，但是都沒有適合林先生的大尺寸。走出倉庫後，不停地向林先生九十度鞠躬道歉。他失望地說：「不要緊，我下次再來看看吧。」Kate 不願放棄，所以請他留下聯絡資料。接著她趕緊跟 10 幾家店聯繫調貨，最後，在同事與主管幫助下，終於在當天晚上借調到了幾款合適的 11 號男鞋。

當晚林先生接到電話，非常的驚訝，馬上回來試穿，並且找到了二款喜歡且適合的鞋子。之後，林先生時常帶著女友來店裡聊天，常常跟 Kate 說：「從來沒有遇過像你這樣子的店員，既熱情又有效率。只是第一次見面，就讓我覺得我是你們的超級 VIP！」

有一天，林先生突然主動打電話告訴 Kate，說他談了一筆 12 萬的團購，希望對 Kate 的業績有所幫助，這真是意外的收穫啊。單純是只為了能夠幫林先生找到一雙好鞋，最後卻帶來了一筆 12 萬的業績，而且還交到了他這個好朋友；讓她深深體會到，「把每一位進門的客人，都當成超級 VIP 來服務」，就是服務精神的致勝關鍵！

以人為本的頂真

兩個故事都帶給我深深的感動，也讓我覺得這個公司從上到下，在在實踐著「**以人為本**」的企業精神。

擔任了該企業幾年的說故事行銷講師之後，他們希望我為他們十數位高階主管採集 12 篇故事，以做為數千位同仁落實品牌精神的標竿。於是，我在一個秋高氣爽的早晨來到他們企業總部，來聽聽 80 多歲的創辦人說故事。

坐在舒適沙發上，總裁開口就提到他早期困苦的家庭背景，不過他說:「我真愛水，看到鞋子金閃閃的，心情就會好。」所以，在幫客人擦鞋時，就挺講究的。

首先，他用擦鞋布乾淨的部份，緊緊包住食指，輕輕沾點鞋油，均勻塗抹在皮鞋上，然後用鞋刷輕輕地將鞋子上的鞋油刷開，確保每個部位都有鞋油。最後用擦鞋布使勁將油抹開，讓鞋油附著在鞋子上，這樣子的三個步驟，每隻鞋必須重複三遍，兩隻鞋總共要做六遍，擦一雙鞋要花上 15 分鐘。

總裁自信滿滿:「我始終認定 **擦三遍**，**金三工**(台語)，當其他同行為了搶客人，少做一道工時，我還是堅持這個想法。漸漸的，愈來愈多人指定我來擦鞋，因為我擦的鞋不僅【金】，也【凍卡久】，口耳相傳生意自然也愈來愈好。」我彷彿看到一個年輕小夥子，被客人稱讚肯定的模樣。

「感動服務」的**生命力**，提供讓企業**永續經營**的活力‧‧‧

有一天，他發現如果可以「到府收鞋」，給客人方便，每天就可以多擦幾雙鞋。於是，他開始收鞋送鞋，有時還順便幫客人拿鞋去修，來來回回一共要跑四趟，多走一大段路要多花半小時，卻也沒想過跟客人多收服務費。看起來很傻，但客人看到他穿西裝打領帶「**頂真**」服務，反而更信任，也願意多介紹客人給他。之後擦鞋攤不斷地擴大，甚至直接聘請師父修鞋，最後開始做手工訂製鞋，一直帶著客人最初對他的信任，走到了今天全國數一數二的規模。

擦鞋、收鞋，看似最容易最簡單的事情，在總裁重視品質的堅持下，有了不一樣的無窮商機。這兩個簡單的畫面與故事，也深深烙印在員工與客戶之間，永遠的流傳下去。而我在當下，也感受到創辦人具有生命力的深刻故事。

我想，說故事傳達企業文化，是企業進行說故事領導的重要過程。如果，企業談到「**感動服務**」這四個字時，有著像上面這樣令人動容的故事，是不是會更容易啟發同事，發自內心的服務客人呢？

討 論 與 分 享

● 說故事領導這件事情，你會聯想到什麼？

我內心一直停留在那張「破舊櫃位」照片上，

那是她談到搬遷過程中，

最難過的也最驕傲 的畫面...

60 歲的她們，
如何把一手爛牌打成好牌？

化阻力為助力

我曾經接到一家國際化妝品大廠邀約，為他們六十多位「**千萬店長**」進行三小時企業內訓。照慣例，我們在課前採訪了一位資深店長，為課程安排做準備。專訪結束後，我與兩位同事在人行道上簡單交換意見，沒想到身經百戰的專案講師 John，一面哽咽的回饋感想，一面落下了男兒淚。

他說：「我這幾年也算是在創業，但是聽到李姐的故事，真的讓我深受衝擊、也好感動 ...」我尷尬地想要安慰他，可是 John 臉上的表情，卻如同看了一場勵志電影般的振奮。

這位接受專訪的李姐，在該廠商的店長中，業績是數一數二的好，年齡約五十多歲。她告訴我們，眼前所看到的店面，不是她最原始的店面，最初的店面在更前面一點的農產超市內。一天，她突然被通知必須在六天內搬走，原因是場地被其他單位標走了。一聽到消息她傻了，客戶群才剛建立，裝潢費也還沒回收，明明是承租單位的疏失，她卻必須概括承受。員工人心惶惶，她足足失眠了三天，只能不斷的請示當地的土地公，還有告訴自己不要心急。

於是，她協調原來房東在拆遷時，把他們放在最後一個動工，讓她可以有十多天緩衝期。這段期間，她與同事開始打出上千通電話，還有寄出上千份「**紅色喜帖**」給老客戶，告知搬遷消息。很多客戶感受誠意跑來消費，看到櫃位旁工程正在進行，滿天塵沙、吵雜萬分，有一半的人嚇到沒進來，另一半的人則是用腳踢開地上的木頭鋼條，踩著剛噴灑過的水漬，緩慢地移動過來。結果李姐團隊在母親節預購的十多天，多做了 90 多萬的業績，足足是平常的 2 倍。

「新櫃位還沒有著落怎麼辦？」李姐利用促銷空檔，跑到附近的新超市視察，雖然他們當時的櫃位已經滿了，但是李姐站在賣場入口，每日觀察好幾小時，發現他們設計有點小問題，就是客人進來動線怪怪的，於是，她馬上反應給他們經理，也希望他們把那個空間讓給她。李姐請總公司的人，幫她畫了一張新櫃位設計圖，並帶著過去輝煌業績表，跑去向超市經理提案，經過十多次的溝通，他們終於點頭答應了！簽約時他們主管說了一句話；「我們 XX 超市全省 80 多家，實在不缺你這一個月四萬元的租金，我們是被你的用心與誠意所感動。」

大太陽底下出現的 VIP

當李姐順利搬遷到對面超市後，她竟然在原址改建成新購物中心的開幕日，在三個出入口前，分發促銷宣傳面紙，要把購物

城裡客戶吸收過來。「人潮這麼多，不是每天都會有的。」她說雖然太陽很大，裡面的工作人員也出來趕我們到遠處，但是我們還是很認真的發廣告傳單，後來有兩位頂級 VIP 會員，來櫃位消費了好幾萬元，就是在那時的宣傳活動贏來的。眼前這位加盟國際化妝品體系超過 30 年的老闆娘，讓我們見識到了什麼叫做 **生命力**！

故事聽到此，我內心一直停留在那張「**破舊櫃位**」照片上，那是她談到搬遷過程中，最難過的也最驕傲的畫面，沒想到她真的跑去把這張珍藏的照片翻出來，看到的人都「哇」個不停，滿是讚賞崇拜。

在課堂上，我把這個故事分享給在場的其他「**千萬店長**」，下課後十幾個同事圍著她，分享他們的感想與感動。我也將這篇故事整理成「彩色 A4 故事」送給她，她下課後跑來興奮的補充說：「陳老師，後來我們那個社區的很多媽媽們，都在一邊練瑜珈一邊談我的故事。」她臉上的光芒已強過屋外陽光。

雖然，她不是日進斗金的大老闆，但是，她的毅力、彈性、行動力，讓縱橫商場的企業家，都要起立致敬！她，不僅突破了障礙，還甩開了困擾，把手中原本的大爛牌，打成了一張張的好牌！

另一位同樣也是資深大姐的 Nancy，是擔任雜誌經銷商的總經理。她提到 18 年前的一個展覽經驗，她說當時公司才剛起步，代理了 30 多種的國內外學習雜誌，儘管非常努力推廣，但常四處碰壁。

在一個炎熱夏天，她和同事到了政大游泳池前擺攤，有一位穿著寬鬆休閒服，戴著老花眼鏡的老阿伯走到書攤前，拿起外文雜誌一頁頁翻閱著。她看阿伯似乎很感興趣，正要上前介紹，一旁同事卻拉著她的手臂，在耳邊小聲的說：「不用理他啦，看他這個樣子，鐵定不會買，不要浪費時間？」。

Nancy 望著阿伯專注的眼神，腦中閃過一個念頭：「不對！他對這些雜誌有興趣而且看得懂！對我來說，或許這是個千載難逢的機會！」畢竟，Nancy 剛創業，對於代理的 30 多種雜誌內容，也還不是很了解，如果可以透過和客人談話，快速獲得一些需要的知識，何樂而不為呢？於是，她不顧一旁同事鐵青的臉，上前和阿伯微笑打招呼：「阿伯，您好！我看您看得這樣認真，這本雜誌這麼好看喔？」阿伯望了她一眼，又將眼睛飄回到雜誌上，根本不想理會，同事看到這種情形，更是一直招手叫她回去。Nancy 不死心，堆起滿臉的笑容再問：「阿伯，不好意思，其實我是新人，我也不是很了解這本雜誌，您可以跟我說說它是在講些什麼？」阿伯推推眼鏡，開始告訴她每一本雜誌的內容是什麼。

Nancy 說：如果你會從閱讀當中，找到影響自己深遠的一句話、一本書，那你就賺死了！

閱讀自己閱讀他人

接著，他又拿起桌子上另外兩本雜誌，大略翻閱一下之後，大概是看到 Nancy 求知若渴的眼神，阿伯仔細分析這兩本的相同與不同之處，聽到精彩之處，Nancy 趕緊拿起筆和紙記下，最後，阿伯除了幫 Nancy 上課，還跟她訂了三本雜誌。臨走前，阿伯告訴 Nancy：「你現在很辛苦，但你一定會成功！」轉頭對著同事失望的搖搖頭，Nancy 看著阿伯的背影走進政大的教學大樓，這才意識到原來這位其貌不揚的阿伯，竟是政大的教授！

因為阿伯的鼓勵以及他對 Nancy 商品知識上的啟發，她馬上現學現賣，也跟著帶動伙伴士氣，讓他們總共接到了「99」年的訂單，有如吃了大力丸一般，也更讓她更相信自己的信念，接下來的路走得愈來愈順暢，而公司也從代理 30 多種雜誌，漸漸擴充至 300 多種國內外知名的期刊雜誌，訂單會員也成長了將近數百倍之多！

Nancy 說她常跟客戶分享一句話：「如果你會從閱讀當中，找到 **影響自己** 深遠的一句話、一本書，那你就賺死了！」換個角度來看，我們若是能從客戶身上，閱讀到一些東西，即使沒有訂單，也算是獲得另類的寶物。

把公司 1% 的菁英故事找出來，然後影響其他 99% 的同事，就是最有力量的說故事領導，你覺得呢？

討論與分享

● 你有沒有把爛牌打成好牌的經驗呢？

....

....

● 如何運用上面兩則故事來激勵同事呢？步驟是？

....

....

如何讓故事更生動？

計程車司機 登上「天下雜誌」的封面，
這故事真的是充滿「**爆點**」...

計程車司機，
把自己定位成英國管家？！

說一個故事，說一個態度

有些人喜歡透過 Google 來找故事，也有些人會運用網路上的轉寄文章來說故事。我自己則是偏好看到、摸到故事後，再來運用它！怎麼說呢？

一次，我在課堂上心血來潮，詢問學員今天來上課的途中，有沒有遇到什麼有趣的事情呢？一位學員舉手了。她說：「老師，今天我來上課的途中，坐了一台計程車，司機正在看天下雜誌。」大家聽了覺得這個沒什麼，等紅綠燈的時候，司機看一下雜誌，應該不至於影響交通。

緊接著她激動的說：「老師，他看的那本雜誌的封面人物是他自己耶，他的收入是 2、30 萬元！」哇！計程車司機登上「天下雜誌」的封面，這故事真的是充滿「**爆點**」了。

於是，中午用餐時間，我趕緊跑到便利商店買了當期雜誌，發現真有其事，而且標題是「**70 元的魔法師**」！報導內容有好幾頁，就我記憶所及，我把它濃縮成以下的內容。

一般司機的收入了不起 4 萬元上下，但是這位大哥與眾不同

的「經營」模式，讓他的月收入高達至少 30 萬元，他到底怎麼辦到的呢？記者訪問他的秘訣到底何在？他說了一個小故事：有一次他在路邊載了一位媽媽上車，她的行李很多，而且又是短程不跳表的那種距離，一般司機大概都會嫌麻煩，甚至會不經意露出不悅的表情。

但是，他卻是耐心的協助與親切的溝通，這位媽媽下了車之後，要了一張名片。沒想到，幾天之後，他接到了媽媽的電話，請他來接送自己的小孩去環島旅行，一次就給他 5、6 千元的車資。

原來，這位媽媽是職業婦女，與先生合開一家公司，工作非常忙碌。那天，她感受到了司機的誠意與用心，建立了很好的印象。從此，他們家只要出國到機場，或者需要有人陪伴小孩，他就成了不二人選。也就是說，這位司機大哥最大的本事，是把短程的旅客，當成長期的 VIP 在對待，因此，他的機會就比一般同業還來得多。

想得遠，就會做得多

他的客戶大都是律師、醫生、講師、自營商，甚至是上市公司的高階主管。大學企管教授問他：「除了計程車司機這個職務之外，如果你有另外一種職稱，那會是什麼？」他毫不考慮的回答：「**英國管家！**」什麼意思呢？他把每一個客戶都當成獨一無二的「**主人**」來對待。

每當客戶與他約好時間，他總是會早到 10 分鐘，然後，到車子後座感受溫度是否會太冷或太熱？音樂聲音是否剛好？有時，是在清晨送客戶到機場，他甚至還會幫忙買早餐讓客戶在車上食用。

他也熟讀各種旅遊資訊，兩個星期修剪一次頭髮，在與客戶聊天當中，熟記五百多筆客戶基本資料與興趣喜好。他說：「現在是不景氣的時代，他與同伴都沒有悲觀的權利，唯有做好『**基本工**』，才是市場競爭的最佳武器。」

這個故事讓我印象最深刻的地方，就是這位司機大哥對自己的「**定位**」。定位不同，所做出來的事情也會不同。一般人是做一天和尚、敲一天鐘的心態在工作，他卻是從「**職務重塑**」的角度，走出了與眾不同的路。

如果，我是企業主管或講師，在運用這個故事時，我會從三個角度來與學員互動。

第一：從這個故事當中，我們看到了什麼？（What）
第二：為什麼我要說這個故事？（Why）
第三：我們要怎麼做，才會得到改變？（How）

第一個問題丟給聽眾或者讓學員們做一個三分鐘的討論。目的是要從一個「**故事**」當中，來凝聚團體的「**價值觀**」。有時候，聽眾或學員不一定會有正面的看法，也是可以透過這

個開放性的問題，去了解個別學員的問題所在？可以在課後或私底下，進行輔導的工作。

當然，如果能夠從聽眾或者學員自己口中，說出你預期的答案，這樣子的互動會更理想，因為，不是從講師口中說出這些大道理，而是從故事當中，自己去體會他人的成功之道。

說故事，邀請大家一起參與改變

第二個問題，為什麼講師要這樣問呢？通常企業講師或者主管，在說一個故事的時候，目的是為了「改變」現況。如果，在毫無共識情況下，做一個政令宣布，容易造成聽眾的「**對立**」心裡。說故事的目的，是邀請大家一起參與「**改變**」的過程，但卻不是強制性的要求。

這時，講師或主管可以細膩的描述一下企業或組織的現況，提醒大家是否都與一般司機的工作一樣了，每天只是被動的照著上司交代的工作去做，而失去了活力、創意與創新了。「如果這樣繼續下去，對自己或對公司有什麼好處呢？還是壞處較多？」

第三個問題，則是改變的步驟與細節。一般我們在組織溝通或會議時，都會非常強調這個部分，幾乎佔據會議或溝通的全部。這，就是最大的問題，怎麼說？當你沒有把人的熱情激發出來的時候，他的表現只是配合，也許他的潛能只發揮

定位

除了 你原本自己的 職稱 之外，
如果 你有另外一種 角色，那會是什麼？

了十分之一。

可是，當你啟動了他內心願意「**主動積極**」的開關時，他所發揮的能量，就會完全不一樣。故事，看似簡單，但是所能發揮的效益，就看講師或主管怎麼去運用？

根據我的觀察，許多人或許會找到故事，但是，這個故事對於他自己沒有感覺，所以，你在傳遞的時候，所造成的改變效果就有限。

反之，如果，這個故事是你自己去挖掘、整裡的時候，代表你是真正認同的，所以，自然就會產生效果。為了故事而故事，會讓你的溝通變得比較呆板，下次，多問自己或同事：「今天，有沒有看到什麼 **特別的故事** 呢？」

討 論 與 分 享

● 除了現有的某某職稱之外，如果你還有另外一個角色，請問哪個角色會是什麼？

● 我們要怎麼做，自我的定位才會得到改變？

使命

八隻 哈士奇，照亮心中的 北極！

燃燒哈士奇，
照亮心中的北極

迎風後拋的哈狗口水

Fiona 在一家上櫃金融公司擔任人資專員，她曾經留職停薪，用幾個月的時間，環遊世界 30 多國。她說；「讓我最難忘的不是北極的極光，也不是北極特快車、更不是聖誕老公公和他的麋鹿、也不是芬蘭浴的特殊體驗，而是一群在零下 20 度的冰天雪地，依舊保有強大工作熱情的 Husky 哈士奇雪橇犬！」

出發前，主人先為 Fiona 蓋上防風毛毯，然後走到隊伍前面，親吻兩隻領頭狗，嘰哩咕嚕講了一堆話，吆喝一聲並擊掌後，哈狗們開始全部賣力地往前衝。領頭的兩隻哈狗，雖然離主人最遠，但是主人左轉右轉時，卻從來沒有出差錯。隊伍從樹林顛簸的路面出發，震得 Fiona 唉唉大叫，衝出樹林後，視野突然間變得開闊，眼前浮現一大片的雪白，原來她們已經奔馳在結冰的湖面上了，在無邊無際的白色世界裡，只有這支孤獨的隊伍。**「突然間覺得我自己好渺小。」**她生動的回憶當時的感覺。

被哈狗迎風拖了 2 公里，過程中她還真怕哈狗們的屎尿，會不由自主地後拋到自己的臉上呢。當雪橇犬隊伍快返抵前，

她遠遠看到留在原地等待的哈狗們，興奮的東奔西跑歡迎 8 隻小哈們凱旋歸來。下車後，Fiona 由於沒戴口罩，鼻水不僅變成冰柱、臉頰沾滿雪珠，幾乎失去知覺了，手上的相機鏡頭也結了冰晶、手指凍到痛得說不出話，但，心裡卻很開心！Fiona 說；「如果我能像哈狗那樣子跳來跳去表達興奮，我想我會那麼做 ...」她說環遊世界很少在離開時，有那麼多不捨的感受。

她說在 Husky Park 待了 3 個小時之久，她觀察到，在 8 隻 Huskies 中，帶頭的 2 隻年紀最長，聽口令控制團隊方向，中間的 4 隻奮力向前，是支撐隊伍前進最重要的中堅力量，最後 2 隻，雖然最年輕，一路上吠叫，卻能振奮每位成員。而留守原地的其他狗兒們，也會挺直腰桿坐著等待，冷靜直視遠方動靜，靜靜等待團隊夥伴的歸來！

大聲吠叫肯定自己！

Fiona 在敘說這則故事時，眼睛閃閃發亮，對我來說，感覺就像發現到了寶石一般，這個故事一定可以激勵每一位「**辛**」苦工作，卻逐漸失去熱情的上班族！

這是一篇非常難得的說故事領導素材，該怎麼運用它呢？Fiona 提供以下三個方向：

1. 保持零下 20 度 C 的熱情：向哈士奇狗狗學習出任務時的

興奮與熱情。

2. 打造互相合作的團隊：哈士奇男女主人巧妙分工，訓練 8 隻哈士奇犬能夠各司其職。

3. 鼓舞你身旁每位夥伴，並給予實際支持：每一位成員都有存在價值，而且都很重要！千萬不要輕忽自己的重要性，即便只是鼓掌大隊。

雖然，我們也曾在 Discovery 動物頻道看過哈士奇狗狗的傳奇。但是，現場聽到這位從事人資工作的學員，親自說出極地旅遊經驗，就是感覺不一樣。這個雪橇團隊像個神比喻一樣，生動描述出企業組織生態，有些資深主管是管大方向，有些中堅幹部是主力部隊，有些資淺員工則是搖旗吶喊的啦啦隊，有些內勤單位則是最佳後盾。找到自己雪橇上位置，大聲吠叫肯定自己與你的團隊吧！

你內心的公主號，停泊靠岸了嗎？

動態的旅遊經驗，可以帶來撞擊，同樣的，靜態的文字描述一樣可帶來啟發。

同公司的一位資深主管 Steven，講起他在西班牙參觀皇家造船廠。他說提到這個造船廠已經有 1 千多年歷史，在它的一面牆上，記載著一段話：「本廠千年來，建造近 10 萬艘

船舶中，有6000艘在大海中沉沒，有9000艘因為災損嚴重無法進行修復，有6萬艘船舶都遭遇過20次以上的大災難，沒有一艘船下水後完好如初。」紀錄著造船廠的輝煌歷史。

他們還有一個特別的傳統，從造船廠建造出來的船隻，都要打造一個迷你版模型存放在船廠裡，並且有專人將船舶遭遇的故事刻在模型上。這些模型，原本是放在一個小房間，後來數量漸漸增多，最後變成宏偉的展覽館，總共有十萬艘船舶模型陳列其中。現在，它不僅是西班牙最負盛名的旅遊景點，也是西班牙人啟發後人冒險進取的精神堡壘。

Steven印象最深刻的是一艘名叫「**西班牙公主號**」的船，它的模型上刻著：「本船共計航海50年，其中11次遭遇冰河侵襲，有6次遭海盜搶奪，有9次發生海上碰撞，有21次發生機械故障擱淺。」Steven提到，這讓他聯想到，自己的職場生涯，或許就如同「**西班牙公主號**」，有著想不到的際遇，但最後都會是歷史的光榮與軌跡。

其實，我們的職場生涯或人生路途，就好比是航行在茫茫大海上，隨時都會遭遇大大小小的波浪侵襲，有時揚帆奮起、有時擱淺停滯。你內心的公主號，想要留下什麼樣的文字？上面的靜物，雖然沒有哈士奇狗狗的可愛生動，但是透過文字的堆疊，我們似乎可以看到更深層的生命本質。

Koji

有時 **揚帆奮起**，有時 **擱淺停滯**，

你內心的 公主號，已經停泊靠岸了嗎？

這兩篇故事是這個企業說故事領導的亮點，不過在公司內部卻無人聽過。Fiona 在上課時是把這個故事做成一篇簡報，每一張簡報裡，都有圖文並茂的照片與文字，我很訝異她的整理能力，於是問她；「耶！這一篇哈士奇的旅遊故事，你們同事知道嗎？」她搖搖頭，她說是因為這次課程她才開始準備的！這也說明了，很多人不知道該如何運用自己身邊的故事。其實，打開你的雙眼與雙耳，記錄下你的感動，練習運用在工作上。我相信真誠的分享，會照亮更多有故事的人，好故事帶出更多故事。希望你的旅遊故事，也有機會當成說故事領導裡的素材。

討 論 與 分 享

● 說說看你目前為止，印象最深刻的一次旅遊經驗？

....

....

● 你看過什麼「**實物文字**」是印象極為深刻的？

....

....

正負思考一念間，結果大不同！

50 元的海螺，
改變了她的抹布人生

人資主管的難題

有一次，某家著名的平面媒體想要做一個「說故事管理」的專題報導，於是他們一位資深記者 Dora 跑來專訪我，我提供了幾個案例之後，她問我接觸過的眾多企業當中，有沒有那一家公司，在說故事管理方面做的很有成效？

本著好奇，我也反問她：「那你覺得說故事管理，會讓你聯想到什麼畫面？」她眼珠子轉了一下，俏皮地說：「應該是一個主管對著員工個別談話的畫面吧！」於是，我告訴她曾經有一個企業主管，說了一個「**50 元海螺**」的故事，就幫企業省下了千萬離職金的真實案例。

故事是這樣子的，這位主管 Roger 是一家中型企業的人資主管，有一天老闆給他一個超級任務，「要請一些無法跟上公司變革步調的員工離職」。這個任務聽起來不難，本來就是人資部門該處理的事情，只是老闆補了一句話：「公司目前沒有優退離職金預算，你看著辦！」也就是說，Roger 必須在幾週內辭退數十位員工，但是又不能引起任何一絲反彈。

我們把場景拉到 Roger 的辦公室現場，看一下他怎麼運用

故事來做「**不可能**」的溝通。

A 為主管 Roger，B 為員工 Mary，場景為人事部門的辦公室（以下為實際對話）

A：我可以理解你此刻的心情，一定非常不好受！

B：公司為什麼要做個決定呢？難道我表現這麼不好嗎？

A：公司有營運上的考量，這一點我無法改變。不過，我真的很希望你的未來是一片光明！

B：我現在的心情真的很糟糕..

A：我們暫時拋開這些好不好。站在朋友立場，我真的想跟你分享一個故事，這故事影響我深遠，也希望能對你有所幫助。

B：嗯...

打破舒適空間，由你決定

A：幾年前，我在一家上市公司擔任主管。林小姐，是一位兩個小孩的媽，同時在我們董事長身邊當了 15 年的行政特助。有一天，她突然出現在我的辦公室，不斷控訴自己遭到資遣的不公平待遇。她一邊哭泣，一邊歇斯底里的說：「唉！我覺得自己就像是一條破抹布，被用完、用爛了，就丟了。一點價值都沒有，這些年來的付出真不值得。」當時，她用了我半包衛生紙，淚水一直停不下來。

B：遇到這種事，一定會這樣子的啊...

A：當時，我刻意用輕微咳嗽聲，打斷了她的談話。我說：「林小姐，我完全不認為你是一條抹布，我覺得只要你改變心態、主動走出去，你會成為好用的魔術抹布！」

林小姐暫時停止了啜泣，好奇的問我：「什麼意思？」「你想想，如果你是一條魔術抹布，今天不但可以擦桌子、擦窗戶，擰乾了還可以來保護電腦，甚至是清潔地板，無所不包的清理房間中所有骯髒的東西，你說這不是**『魔術抹布』**那是什麼？你說，有那個老闆不喜歡好用的抹布？」林小姐當時看著我，眼神中有些困惑。於是，我告訴她一個小故事...

B：喔！

A：在北海有一隻「**海螺**」體型巨大、紋路奇特，活在眾人都羨慕的藍天碧海中。天氣好的時候，牠偶爾會出現在海岸邊，把頭探出來透氣；大浪來襲時，牠立刻把身體蜷起來；大章魚的長爪要抓牠時，牠也能瞬間躲進硬殼中，鯊魚攻擊牠，牠也能順著海浪拍打，趕緊躲進岩石堆裡。

可是，有一天，當牠醒來的時候，發現自己前面竟然是一道透明的玻璃，玻璃旁還貼著一張紙，上面寫了幾個字「**海螺一隻50元**」。原來，牠被漁民抓到水族館裡，準備銷售出去，你猜這隻海螺最後的命運是什麼？

B：被吞到人類的肚子裡吧...

A：沒錯！當時，我說離開這件事，對她來說反而是好事。怎麼說？她當時 55 歲，離退休還有十多年，還有大好人生要過，如果一直做著自己熟悉的工作，不但沒有成長，還會慢慢成為一隻海螺，然後被吞到人類肚子裡。

可是，一旦離開了這個「**舒適空間**」，短期看來是不太適應，但長期來說，其實是海闊天空的。在我一番鼓勵之後，林小姐重拾笑容走出辦公室。你知道後來她怎麼了嗎？

B：不知道？

什麼樣故事吸引什麼樣員工？

A：幾個月後，她很開心的打電話告訴我：「Roger，你猜我正在做什麼？」她的語氣中帶著開心的語氣。繼續說：「我正在 XX 大學修碩士班，我準備好好充實自己再出發，謝謝你當時對我的提醒，我想我再也不會是一隻海螺，任由大浪來決定我的去處，我會勇敢丟掉硬殼，變成一條悠游大海的大鯨魚。」他越說越興奮，當時，我覺得她好像換了另外一個人似的，完全沒有「**破抹布**」的悲觀情結了。你覺得呢？

B：我懂你的意思了...那，你可以給我一些建議嗎？

A：第一，你才 35 歲，還這麼年輕，至少...

轉心

大惡起・大善來！

Roger 把每一位同事都當成朋友，發自內心的鼓勵每一位公司
辭退的員工，離開後的人生，一定會更好。他說即使很多人離
職後，也都會回來找他吃飯，分享近況，這是他從事人資工作
最開心也、最驕傲的地方，他也因為說故事創造了不可能的任
務而更上層樓。

輔導員工說故事，那麼，尋找員工可以說故事嗎？一家網路
公司總經理說了一個想要的人才的故事。有一個年輕人，在
市場裡看到一位賣南瓜的老伯伯，正在與一位客人吵架，原
因是老伯伯的南瓜只剩下 15 顆，他想要留下來「**育種**」，
無法賣給這位急需 15 顆南瓜做「**燈籠**」的客人。

這時，年輕人想了一個「**三全其美**」的辦法，就是他買下了
老伯伯的 15 顆南瓜，但是，他把老伯伯需要的「**種子**」送
給他，南瓜「**外殼**」則是賣給這位需要做燈籠的客人，最後
他把南瓜的「**果肉**」賣給麵包店做南瓜麵包餡料。

他，做了一個整合與創造的工作。你是這樣的人才嗎？我想
不只是網路公司需要你，如果你能創造與整合，你會是職場
上的大贏家，你說是嗎？

討論與分享

● 最近的雜誌或新聞報導中，有沒有吸引你注意的好故事？

Récit

用淺白、好笑的故事，

讓壓力很大的同仁

會心一笑⋯

從生活小故事裡，
談激勵

要懂得安插自己人

有一個美女同時交往了三個男朋友，條件都還不錯。一天，父親心急了，決定親自與這三個男生談話，想幫女兒看看那個人最適合當女兒的老公？見面時，第一位男友說：「我有五千萬現金，讓你女兒過好日子，絕對沒有問題！」第二位男友也不是省油的燈，他說：「我擁有20家連鎖大賣場，公司下個月就要上櫃了，一定會讓你女兒幸福的！」最後，第三位男友說話了：「伯父，我只是個上班族，薪水普通，身上有幾百萬的房貸，另外，我還有一個小孩。」照理講，他這樣的條件應該是出局了，沒想到他繼續說：「**這個小孩目前在你女兒的肚子裡。**」

這是一位外商資深主管，在訓練新進業務時，一定會說的笑話。目的很簡單，就是要提醒大家在客戶陣營裡，不管有多少競爭對手，一定要懂得「**安插自己人！**」

這個算不算是說故事管理呢？用淺白的內容、好笑的劇情，讓業績壓力很大的業務同仁會心一笑。提醒他們要懂得避開同質性的競爭，用心去經營一個「**關係匪淺**」的客戶關係。當然，把溝通的氣氛創造出來之後，這位主管後續的談話或

會議，一定要補充一個客戶關係經營良好的成功故事，然後教導具體的方法，免得只是空談一個笑話而已。

阿嬤，我的獎盃被你煮熟了

有個主管學員曾經分享了以下的故事，讓我偶爾看到碗盤時，都會莞爾一笑。

Hebe 她在小學時成績很好，經常得到很多師長頒發的獎狀與各式獎盃。一天，她開心地把國語文競賽第一名的「**盤型**」獎盃帶回家，當時，她不認識字的祖母，正在廚房烹煮一家人的晚餐，就順手把這個碗型獎盃拿過來「**盛菜**」，獎盃上的名字與輝煌記錄，就這麼被熱騰騰青菜給「**燙熟**」了，斑駁的字體與燒焦的氣味，瞬間毀掉了她的努力。

年紀還小的 Hebe 暴跳如雷，指責阿媽，大罵她不識字就算了，怎麼可以這樣破壞了她的獎盃。阿媽自尊心強烈受損，只好一個人躲起來偷偷的哭。她的父親下班後，知道這件事之後，重重的責備她，並且告訴她：「**榮譽，是要永遠放在心裡頭**，不是寫在紙上的。」聽完後，大家都覺得很有意思，馬上有人腦筋動得快，說這個故事可以用來告訴員工，表現好是應該的，榮譽是要放在心裡的，不要動不動就要求升官加薪，如此一來，可能會幫老闆省下不少獎金喔，一群人相視而笑。

我想說的是，管理上的有效溝通，很多其實都是來自生活上的體驗。當你能從自己「**內在**」的經驗出發時，「**外在**」的溝通就會更加分。

種什麼因，得什麼果

有一次我幫一家生技公司上課，我要求每位學員事先準備一篇故事，好處是可以直接針對故事進行診斷與修正。業務主管阿華的故事，讓很多學員聽完後，自動「**洗掉**」了其他人的內容。怎麼回事呢？

阿華說當年唸書時，北部女友來台中找他玩，旅遊結束時兩人身上只剩下 30 元，女友提議向旁邊情侶商借，阿華實在拉不下臉，兩人就在火車站拉扯了好久。這時，火車站裡的憲兵主動過來，了解狀況之後，除了安撫情緒，還借了阿華100 元，讓他可以和女友坐車回家，阿華永遠都記得，憲兵臉上的微笑。

十多年後，阿華投入藥品業務工作，有一天，他去加油，許多人都在排隊。排在他前面的一位中年男子，帶了一大桶塑膠容器來加油，結帳時差了 45 元，他找遍身上口袋，連摩托車的置物箱、車籃，任何可能裝錢的地方都翻遍了，就是沒有半毛錢。

加油的人很多，加油員一直催促他，完全不理會他先回家拿

錢再付餘款的請求。當時，阿華想起當年憲兵的臉，順手從口袋裡拿了 50 元硬幣給加油員，中年男子不斷點頭道謝，並希望留下連絡方式，阿華笑一笑說：「不用了！」

一個月過去了，阿華拜訪一間新的店家，藥局老闆看到阿華馬上會心一笑，原來他就是加油站那位中年男子，他向店內的所有同仁說：「幫助他人的人所推薦的產品，一定是最好的！」結果，那位藥師成為阿華的主力顧客，到現在兩人還一直是好朋友。

課程結束兩個月，我們舉行三小時「**課後輔導**」。那天一早，我在一樓大廳巧遇阿華，在電梯裡他滿臉笑容，好像有什麼喜事似的，閒聊中發現他在這段期間大有斬獲，於是，我請他在課程上分享。

關門一天，又打開了

阿華說，塑化劑風波肆虐期間，藥局裡天天擠滿了人，客戶像洶湧浪潮般湧入店內退貨，通路業務則像搬運工人，不斷進出搬回退貨。藥局的藥師受了消費者的怨氣，總會指著他鼻子臭罵一番，他連一句話也說不上，惡劣情況持續數日。

有一天，他決定用說故事的方法，找回自己的主控權，他告訴客戶：「藥師，你知道嗎？隔壁那條街的藥局林老闆，說退貨情況實在太嚴重了，乾脆把鐵門拉下，休息個三天。」

專注

說故事的**分享**與**學習**，
自然會在**專注**的狀態下
達到最大的**影響**效果

這句話好像說中了藥師內心的渴望，同時，臉上也疑惑地問他：「真的嗎？然後呢？」

阿華緩緩告訴客戶，林老闆關門一天後，就把鐵門打開了！「為什麼？」藥師好奇的加入了討論，阿華馬上轉述林老闆的談話，他說：「與其這樣自怨自艾的過下去，不如勇敢的面對，反正客戶最後還是會回流的，與其推託過日，不如趕緊做些補救措施。」

後來，我也因為他這麼積極，回到公司呈報一個專案給他，結果他最近做得很好，業績成長了20%。」結局，回到阿華的期待與掌握之中，客戶也重拾合作的信心。

因為對於工作的參與及投入，才會讓故事生動，而說故事管理的分享與學習，自然會在這種誠心專注的狀態下，達到最大的影響效果！

討 論 與 分 享

● 在你今天上班的途中，有沒有發生好玩的故事？

穿越

讓你的故事，穿越時空⋯

讓故事穿越時空的
五把金鑰

一個好故事，勝過千萬廣告費

這是許多做廣告的創意人喜歡說的一句話！我認為，每個人身上都蘊藏著好幾個價值千萬的好故事，而這些故事，都可以讓人與人之間的距離縮短，甚至可以積極的連結人與人之間的關係，好比是臉書 FB 一樣，串起了你與其他人的人際關係。故事，也是。

在看完前面的許多故事案例之後，如果你是敏感度很高的人（業務／企劃／人資／主管），我相信你一定會想把自己甚至是同事們的故事，蒐集起來好好運用，可是重點來了，如果沒有誘因或方法，可能會事倍功半，畢竟一時之間，大家可能會想不起，自己曾經有過哪些故事。在這裡，我提供五個金鑰匙，也就是五個方法給大家參考，當然，你也可以自己發想更有趣味、更有效的方法。

舉辦說／寫故事行銷大賽

這個比賽一方面可以拉近與同事間的距離，一方面把公司的重要品牌文化資產留下來，而小小的競賽，會讓同事更有動力。在這裡，我提供一個【說／寫故事激勵大賽】的評分表格(附件)

，如果必要時，你也可以聯繫我們，我們會將更細部的【故事行銷大賽溝通信】寄給你參考。如果不嫌棄，我和靜屏等有經驗的同仁，都可以擔任貴單位的說故事行銷評審！協助您挖掘出貴單位的最令人難忘的故事傳奇，並且運用在行銷溝通上。

把故事變成輔銷工具

這一部分的整理是最有立即效益的。怎麼說呢？因為每個人的故事內容有限，透過整理成平面的彩色 DM (如前面單元所述的一分鐘兩分鐘三分鐘故事 DM) 就可以成功的把故事帶到客戶那裡，而不用擔心精彩內容會有所遺漏，甚至改裝設計成簡報 PPT 檔，搭配業務同仁的旁白，也會很有力量！

這個工作看起來像是企劃的工作，其實不然。故事裡的文字內容，應該都是非常口語化的，就像是我直接與你對話一樣。因此，按照前面的引導與練習，你不用擔心把故事說得太死板或太嚴肅，畢竟，聽得懂、記得住、傳出去，是我們看待故事行銷的一個明確目標。這部分的成功案例，我們也累積了不少，如果您或您的單位需要，也歡迎來信索取，我們將竭盡所能的協助您運用好您的故事！

真實故事設計成廣告稿

把故事變成廣告稿 / 雜誌稿這件事，需要有故事的人 (最多的

是前鋒的業務大將們)與會整合的人(後端的行銷企劃)一起通力合作!我的授課經驗裡,是有不少行銷企劃或公關部門或人資部門的同仁一起參與說故事行銷訓練,結果呢?當然是獲得了許多個部門同仁貢獻,企業內部卻從來不知道,也沒有系統整裡的寶貴故事內容。

故事,是在有龐大資源的大型企業裡,更上一層樓的強大引擎。故事,也是在卻乏資源的中小型企業裡,最不用花大錢的行銷武器之一。取材自研發/採購/客戶/服務/設計/品質/品管等面向的各種類型故事,都可以讓每個單位的人員在思考/分享/討論/回饋之後,好好的重新整合,把他們真實的感受與經驗故事,如實傳遞給客戶,這,就會是最好的溝通行銷方式。

出版書籍對內激勵,對外宣傳...

在我的授課生涯裡,曾經幫好幾家企業做過出版故事書這樣子的事情,雖然耗費的時間往往超乎我們的想像,但是,一看到這些眾人匯集的企業文化,可以被真實的保留成為成品,便會覺得自己的努力沒有白費!把企業故事出版,的確是一個大工程。但是,卻是吸引人才、留住客戶的最重要關鍵之一。可以說是內部能量的總盤點,也可以說是企業靈魂的總召集!

畢竟,在競爭日益劇烈的商業社會裡,要如何凸顯自己與企業的差異化,是必須要有實際故事與案例的。許多企業都強

調品質／創新／服務，我常問企業主管，這些口號聽起來是不是都很像？有沒有可以具體展現這些概念的真實故事呢？他們往往要想很久，才會慢慢拼湊出一個故事，這點，我看了覺得好可惜，畢竟，能影響人的就是這些生活中、工作中的故事。這些該保留下來的故事，大部份都被簡化的業績數字給取代掉了。

把故事拍成微電影在網路宣傳

把適合的故事拍成微電影，也是我一直想要嘗試的事情。我本身是大眾傳播系畢業的，許多同學也都成為了知名的廣告導演或戲劇導演。或許，我可以提供一個方法與方向，有別於傳統廣告公司的創意發想故事。透過讀書會／課程／講座／內訓／比賽等互動方法，把最珍貴的故事素材提煉出來，轉換成拍攝腳本之後，透過組織的認可，【由下而上】的把企業故事傳遞出去。

幾年前，我與一位朋友閒聊時，他正在修讀 EMBA，他告訴我，教授上課時，都會直接用他自己出版的書來授課，我覺得這個點子蠻不錯的，和我的想法不謀而合。這是一本真正實用性高的故事行銷工具書，因此，在前面幾個單元裡，你會看到許多的實務演練，都是我在課程中，學員反應非常好的說故事行銷工具練習。

如果，能透過這本書裡的一些觀念或案例，可以喚起更多人

對故事的熱情，我想未嘗不是一件令人興奮與開心的事！如果，書裡頭有任何的一句話、一張圖能夠啟發你、提醒你，找出自己的故事加以運用，會是我最大的成就感了！感謝你的耐心，如果，您有需要討論或指教的地方，歡迎 Email 給我們團隊，我們將盡己所能把自己所知道的故事行銷經驗分享給你，希望你每天都能同花大順，人生圓滿如意！

說故事行銷大賽評分表

項目	評分重點	王大明				
爆(炸)**點** ★震撼、懸疑、反差，引起人想要繼續聽下去(滿分2分)	事件：簡潔說明人/**事**/**時**/**地**/**物** 場景：空間/位置/狀態/**具體畫面** 人物對話：動作/表情/**主角談話** 氛圍感受：環境/氣氛/情緒/**感受**	2				
切(換)**點** ★用數字、問題、困難營造與聽眾互動的雜會(滿分2分)	原因：轉換場景補充**說明為什麼**？ 細節：細膩說明並**放大單一情節**！ 轉折：中間最**戲劇性的發展過程** 關鍵：解決這個問題的**實際方法**	2				
放(重)**點** ★創造認同、共鳴、啟發，讓聽眾深刻烙印記憶(滿分2分)	結局：有沒有出乎意外的**結論**？ 對比：故事發生前後**變化有多大**？ 共鳴：最感動自己的一句話是？ 激勵：啟發他人願意**主動傳遞故事**	1.5				
熱情引導 發自內心的分享(滿分2分)	有沒有從**聆聽者的角度**，去架構一個好故事？用簡單易懂的內容與引導方式，簡潔有力的觸動人心。	1				
表現方式 多元的呈現內容(滿分2分)	透過投影、簡報、A4圖文、輔助工具等多元形式皆可，重點是在六分鐘內，**創造潛在購買者的需求**。	2				
購買成交 期待與對方合作(滿分1分)	會想要直接訂購這個商品或服務，或者更深入的了解商品或服務，因此建立公司的**形象與信任**！	0.5				
分數總計 (總分10分)		9 分				

※ 裁判講評可比照超級星光幫的評審模式，可直接、可毒舌、可溫暖、可幽默、可鼓勵！
※ 裁判組在小組完成三分鐘故事後，由一位代表簡單的講評並予以評分，此部分佔比50%。
※ 每位參與課程的學員也可直接評分，代表廣大客戶或市場的直接意見，此部分佔比50%。
※ 比賽結果由裁判與學員的評分總和，選出團體組前五名，由講師特別贈送精美禮物一份。

評分人_____(簽名)

國家圖書館出版品預行編目資料

陳日新說故事行銷:五百大企業按讚典藏的超實
務工具書 / 陳日新作 -- 臺北市:說故事管理
顧問有限公司,2015.11
面; 公分
ISBN 978-986-83043-1-4 (平裝)
1. 銷售

496.5   104025066

陳日新說故事行銷

作者	陳日新
責任編輯	靜屏 Carol
封面設計	江予嫣
美術編輯	黃健強 Jason
發行人	胡爾善
發行所	說故事管理顧問有限公司
地址	台北市忠孝東路四段 216 巷 2 樓之 9
電話	02-27415258
傳真	02-87737728
銀行	中國信託 822 延吉分行
帳號	241-5400-20765
戶名	說故事管理顧問有限公司
法律顧問	聲威法律事務所 陳慶尚 律師
本版發行	2018 年 12 月 6 日
定價	NT$ 380